计算机类技能型理实一体化新形态系列

VB.NET程序设计

与软件项目实训

（第4版）（微课版）

主　编　郑　伟　杨晓庆
副主编　劳　飞　王洪洋
　　　　姜伟强　王金凤
　　　　昌厚峰

清华大学出版社
北京

内 容 简 介

本书根据软件技术发展需要，融入党的二十大报告精神，注重软件开发技术人员的培养过程中引导读者学习和理解党的二十大精神，自觉践行社会主义核心价值观，为我国软件产业的发展做贡献。

本书采用任务驱动、项目教学的方式进行编写。本书注重理论与实践相结合，对各部分内容均通过详细、通俗易懂的实例，使读者加深对内容的理解。本书在内容取舍、篇幅控制和难点安排上均适合教学，同时注重软件开发能力的培养。

本书分为两部分。第一部分为项目 1~ 项目 5，介绍了新的 .NET 编程环境 Visual Studio 2022 下编写 VB.NET Windows 应用程序的基础知识，通过简单项目制作引出 VB.NET 基础知识，进一步通过系统的项目巩固常见基础知识在真实编程环境中的应用。第二部分为项目 6~ 项目 8，按照软件工程的设计思想，从项目的需求分析、系统功能设计到数据库设计、各功能详细设计与代码编写，系统地介绍了完整项目的开发流程，同时，通过项目的设计制作，强化了第一部分基础知识的学习。

本书适合作为高等院校计算机相关专业的教材，也可以作为编程爱好者的自学教材，以及成人教育和在职人员的培训教材。

图书在版编目（CIP）数据

VB.NET 程序设计与软件项目实训：微课版 / 郑伟，杨晓庆主编 . —4 版 . —北京：清华大学出版社，2024.3

计算机类技能型理实一体化新形态系列

ISBN 978-7-302-65676-0

Ⅰ. ① V… Ⅱ. ①郑… ②杨… Ⅲ. ① BASIC 语言 – 程序设计 – 教材 Ⅳ. ① TP312.8

中国国家版本馆 CIP 数据核字（2024）第 048270 号

责任编辑：张龙卿
封面设计：刘代书 陈昊靓
责任校对：刘 静
责任印制：沈 露

出版发行：清华大学出版社
   网   址：https://www.tup.com.cn，https://www.wqxuetang.com
   地   址：北京清华大学学研大厦 A 座   邮 编：100084
   社 总 机：010-83470000   邮 购：010-62786544
   投稿与读者服务：010-62776969，c-service@tup.tsinghua.edu.cn
   质量反馈：010-62772015，zhiliang@tup.tsinghua.edu.cn
   课件下载：https://www.tup.com.cn，010-83470410
印 装 者：三河市龙大印装有限公司
经 销：全国新华书店
开 本：185mm×260mm   印 张：17.5   字 数：422 千字
版 次：2009 年 4 月第 1 版 2024 年 3 月第 4 版 印 次：2024 年 3 月第 1 次印刷
定 价：59.00 元

产品编号：104553-01

第 4 版前言

党的二十大报告指出："我们提出并贯彻新发展理念，着力推进高质量发展，推动构建新发展格局，实施供给侧结构性改革，制定一系列具有全局性意义的区域重大战略，我国经济实力实现历史性跃升。"

"基础研究和原始创新不断加强，一些关键核心技术实现突破，战略性新兴产业发展壮大，载人航天、探月探火、深海深地探测、超级计算机、卫星导航、量子信息、核电技术、新能源技术、大飞机制造、生物医药等取得重大成果，进入创新型国家行列。"

近年来，我国互联网行业迅速发展，信息技术基础设施不断完善，计算机软件服务着社会生产和生活的方方面面，给人们的生活带来了极大的便利。Visual Basic.NET 是微软公司推出的新一代 Windows 应用程序的可视化开发工具，有着广泛的市场基础和应用前景。Visual Basic 语言语法格式简单，具有面向对象的特点。对于一些计算机编程的初学者，该编程语言也是不错的选择：其入门的门槛不高；采用可视化编程，降低了代码编写难度。

第 4 版在原来使用的 Visual Studio 和 SQL Server 数据库的基础上，在内容上进行了优化，软件开发版本升级为 Visual Studio 2022，数据库版本升级为 SQL Server 2022，并介绍了新的开发环境的新特性。通过新版本的安装和应用，介绍在最新的 Visual Studio 2022 编程环境下创建 VB.NET 应用程序的步骤和思路。

本书具有以下特色。

（1）案例丰富，由浅入深。本书采用的项目包括：计算器、简单考试系统、文件管理系统、个人信息管理系统、销售信息管理系统、图书管理系统和学生信息管理系统。本书所选项目由浅入深，从基础的 VB.NET 控件编程到 VB.NET 基本语句编写，再到数据库编程；从简单项目到复杂项目。读者学习时可以没有任何编程基础，从基础知识开始学习，可以不断提高其应用水平。

（2）案例完整，结构清晰。本书采用的项目以及代码都是真实案例，项目的设计以及代码都是完整的系统，这对于读者以后自己使用 VB.NET 编写完整的应用系统有很大的好处，可以实现无障碍跨越。

（3）讲解通俗易懂，步骤详细。本书每个案例的开发步骤都以通俗易懂的语言进行描述，从最基础的控件和语句进行讲解，详细介绍了每一 VB.NET 程序设计与软件项目实训前三个开发步骤。每一个项目都有完整的开发流程。

本书适用于希望在 .NET 框架下开发 Windows 应用程序的程序设计人员，对于希望从基本概念开始学习的 Windows 应用程序爱好者来说，也有详细的例子可以边学习边实践。

本书由潍坊职业学院郑伟、河南建筑职业技术学院杨晓庆担任主编，滨州职业学院劳飞、潍坊职业学院王洪洋、潍坊职业学院姜伟强、潍坊职业学院王金凤、潍坊职业学院昌厚峰担任副主编。来自企业的工程师曹晶、蔡世颖、曲树波、魏罗燕也参与了该书部分章节的编写。

由于编者水平有限，疏漏出错之处在所难免，敬请广大读者批评、指正。

编　者
2024 年 1 月

目　录

项目 1　创建 VB.NET 程序开发环境 ·· 1

　　任务 1.1　创建 VB.NET 程序开发环境 ··· 1

　　　　1.1.1　安装 Visual Studio 2022 编程环境 ······························ 1

　　　　1.1.2　熟悉 Visual Studio 2022 编程环境 ······························ 5

　　任务 1.2　VB.NET Windows 应用程序设计流程 ································ 11

　　项目小结 ··· 14

　　项目拓展 ··· 14

项目 2　设计制作计算器 ·· 15

　　任务 2.1　掌握 VB.NET 基本输入 / 输出控件 ··································· 15

　　　　2.1.1　用 Label 控件显示文本 ·· 15

　　　　2.1.2　用 TextBox 控件创建输入框 ·· 17

　　任务 2.2　设计制作计算器 ··· 18

　　项目小结 ··· 28

　　项目拓展 ··· 28

项目 3　设计制作考试系统 ·· 29

　　任务 3.1　使用常用控件 ·· 30

　　　　3.1.1　使用 RadioButton 控件和 GroupBox 控件 ······················ 30

　　　　3.1.2　使用 CheckBox 控件 ·· 32

　　　　3.1.3　使用日期控件 ·· 34

　　　　3.1.4　使用滚动条控件 ·· 35

　　　　3.1.5　使用控件排列和分隔条进行窗体布局 ································ 38

　　任务 3.2　掌握 VB.NET 基本语句 ··· 40

　　　　3.2.1　使用判断分支语句 ·· 40

　　　　3.2.2　使用 VB.NET 过程 ·· 43

　　任务 3.3　菜单及其他窗体界面设计 ·· 45

　　　　3.3.1　创建窗体程序的菜单 ·· 45

　　　　3.3.2　创建进度条、跟踪条、工具提示 ···································· 49

　　任务 3.4　设计简单考试系统 ··· 50

3.4.1 设计简单考试系统的总体结构和功能 ················· 50

3.4.2 设计简单考试系统的界面 ······························ 50

3.4.3 编写简单考试系统的功能代码 ························· 51

3.4.4 编译、运行并测试程序 ································· 52

项目小结 ·· 53

项目拓展 ·· 53

项目 4　制作文件管理器 ·· **54**

任务 4.1　简单文件管理器的设计与实现 ····················· 54

任务 4.2　设计文件管理器 ··································· 61

任务 4.3　创建文件读写器 ··································· 69

任务 4.4　使用对话框控件 ··································· 72

4.4.1 使用打开文件对话框 ··································· 72

4.4.2 使用保存文件对话框 ··································· 76

4.4.3 使用字体对话框 ······································· 79

项目小结 ·· 81

项目拓展 ·· 81

项目 5　设计制作个人信息管理系统 ······························· **82**

任务 5.1　SQL Server 2022 基本操作 ······················· 82

5.1.1 安装 SQL Server 2022 数据库管理系统 ··············· 82

5.1.2 数据库操作 ··· 87

5.1.3 使用常见的 SQL 语句 ································· 88

任务 5.2　熟悉常用 ADO.NET 对象 ························· 92

5.2.1 使用 OleDbConnection 对象建立数据库连接 ·········· 92

5.2.2 使用 SqlConnection 对象和 DataTable 对象 ··········· 93

5.2.3 使用 DataSet 对象 ····································· 95

5.2.4 使用 DataRow 对象 ··································· 96

任务 5.3　设计个人信息管理系统 ··························· 102

项目小结 ·· 105

项目拓展 ·· 105

项目 6　设计制作销售信息管理系统 ······························ **106**

任务 6.1　销售管理系统的功能设计 ························· 106

任务 6.2　系统工程文件一览 ······························· 106

任务 6.3　数据库设计 ······································· 107

任务 6.4　系统各功能模块详细设计 ························· 110

6.4.1 设计系统基础类文件 ··································· 110

6.4.2 设计管理主界面 ··· 110

6.4.3 设计关于信息界面 frmAbout.vb ······························· 114

6.4.4 设计添加合同信息界面 frmConAdd.vb ····················· 114

6.4.5 设计管理合同信息界面 frmConModify.vb ·················· 124

6.4.6 设计统计合同信息界面 frmConSum.vb ····················· 135

6.4.7 设计添加客户信息界面 frmCusAdd.vb ······················ 139

6.4.8 设计管理客户信息界面 frmCusModify.vb ·················· 141

6.4.9 设计添加成品信息界面 frmProAdd.vb ······················ 144

6.4.10 设计管理成品信息界面 frmProModify.vb ·················· 147

6.4.11 设计系统设置界面 frmSetting.vb ····························· 149

6.4.12 设计出入库管理界面 frmStockInOut.vb ··················· 152

项目小结 ·· 157

项目拓展 ·· 157

项目 7 设计制作图书管理系统 ··· **158**

任务 7.1 项目功能总体设计 ··· 158

任务 7.2 数据库设计 ·· 159

任务 7.3 项目工程文件一览 ··· 161

任务 7.4 系统详细设计 ··· 162

7.4.1 设计登录界面 frm_login.vb ··································· 162

7.4.2 设计管理主界面 frm_MainInterface.vb ···················· 166

7.4.3 设计关于系统界面 frm_about.vb ···························· 173

7.4.4 设计添加图书类型界面 frm_AddBookType.vb ············· 173

7.4.5 添加图书信息界面 frm_AddNewBook.vb ················· 176

7.4.6 设计添加书籍费用信息界面 frm_AddNewCharges.vb ····· 182

7.4.7 设计添加用户信息界面 frm_AddUser.vb ··················· 185

7.4.8 设计备份数据库界面 frm_BackUp.vb ······················ 187

7.4.9 设计修改密码界面 frm_ChangePassword.vb ··············· 191

7.4.10 设计删除书籍信息界面 frm_DelBook.vb ·················· 195

7.4.11 设计编辑书籍信息界面 frm_EditBookDetails.vb ········· 199

7.4.12 设计借阅书籍界面 frm_IssueReturnBook.vb ·············· 206

7.4.13 设计归还书籍界面 frm_ReturnBook.vb ··················· 215

项目小结 ·· 219

项目拓展 ·· 219

项目 8 设计制作学生信息管理系统 ··· **220**

任务 8.1 系统总体功能设计 ··· 220

任务 8.2 系统功能预览 ··· 221

　　　8.2.1　用户登录界面 ···221
　　　8.2.2　管理员用户的操作 ··221
　　　8.2.3　教师用户的操作 ··229
　　　8.2.4　学生用户的操作 ··232
　　任务 8.3　工程文件一览 ···234
　　任务 8.4　数据库设计 ···234
　　任务 8.5　系统实现 ···237
　　　8.5.1　设计用户登录界面 login.vb ·······································238
　　　8.5.2　设计用户登录后的操作界面 main.vb ································239
　　　8.5.3　设计添加班级信息界面 addClass.vb ·································246
　　　8.5.4　设计添加班级课程信息界面 addClassCourse.vb ······················248
　　　8.5.5　设计添加课程信息界面 addCourse.vb ·······························250
　　　8.5.6　设计添加系部信息界面 addDepartInfo.vb ·····························251
　　　8.5.7　设计添加考试信息界面 addExam.vb ·································253
　　　8.5.8　设计添加学生信息界面 addStuInfo.vb ·······························255
　　　8.5.9　设计添加用户界面 adduser.vb ·····································258
　　　8.5.10　设计修改班级信息界面 changeClassInfo.vb ··························260
　　　8.5.11　设计删除学生信息界面 deleteStuInfo.vb ····························261
　　　8.5.12　设计修改权限界面 quanxian.vb ····································263
　　　8.5.13　设计查询班级课程信息界面 queryclassCourse.vb ······················265
　　　8.5.14　设计学生信息分类查询界面 stuInfoClassfy.vb ·······················267
　　项目小结 ··269
　　项目拓展 ··269

参考文献 ··270

项目 1
创建 VB.NET 程序开发环境

得益于广阔应用场景及巨大市场需求的有力支撑，2022 年，我国软件和信息技术服务业（以下简称软件业）运行稳步向好，软件业务收入跃上 10 万亿元台阶，盈利能力保持稳定，软件业务出口保持增长。

本项目介绍 VB.NET 应用程序开发环境及简单程序设计流程，以此来介绍 VB 开发 Windows 应用程序开发技术的结构、特点和开发流程。让读者对 Windows 应用程序开发有一个直观的认识，为本教材后续介绍的 Windows 应用程序开发打下基础。

知识目标：

（1）了解 .NET 平台的基本结构；

（2）了解 Windows 应用开发技术的原理；

（3）掌握 VB.NET 简单语句的结构；

（4）掌握 VB.NET 程序调试的流程。

能力目标：

（1）掌握安装 Visual Studio 2022 的方法；

（2）掌握创建 VB.NET 应用程序的方法；

（3）掌握简单 VB.NET 应用程序的设计流程；

（4）掌握简单 VB.NET 控件的使用方法。

课程思政目标：

（1）引导学生树立正确的世界观、人生观、价值观，自觉践行社会主义核心价值观；

（2）培养学生发现问题、分析问题和解决问题的能力；

（3）明确软件开发专业人员工作性质的社会价值。

任务 1.1　创建 VB.NET 程序开发环境

1.1.1　安装 Visual Studio 2022 编程环境

Visual Studio 2022 能够开发的程序包括常见的 Visual Basic、Visual C#、Visual C++ 和 Python 等。Visual Basic 开发是 Visual Studio 2022 一个重要的组成部分。

微软于 2021 年发布 Visual Studio 2022 的首个预览版。2022 版本更快、更易于使用、更具有轻量级特点，专为学习者和构建工业规模解决方案的人员设计。

1. Visual Studio 2022 编程环境可以开发的常用项目类型

（1）桌面应用程序：可以使用 Visual Studio 2022 开发 Windows 桌面应用程序，如 Windows Forms 应用程序、WPF 应用程序和 Universal Windows Platform（UWP）应用程序。

（2）Web 应用程序：可以使用 Visual Studio 2022 开发 Web 应用程序，如 ASP.NET 应用程序、ASP.NET Core 应用程序和 Node.js 应用程序。

（3）移动应用程序：可以使用 Visual Studio 2022 开发移动应用程序，如 Android 应用程序、iOS 应用程序和 Windows Phone 应用程序。

（4）云应用程序：可以使用 Visual Studio 2022 开发云应用程序，如 Azure 应用程序和 AWS 应用程序。

（5）游戏开发程序：可以使用 Visual Studio 2022 开发游戏，如 Unity 游戏和游戏插件。

（6）数据库应用程序：可以使用 Visual Studio 2022 开发数据库应用程序，如 SQL Server 应用程序和 MySQL 应用程序。

2. 安装 Visual Studio 编程环境

Visual Studio 2022 最低系统要求如表 1-1 所示。

表 1-1　Visual Studio 2022 安装所需系统

类　　别	说　　明
支持的操作系统	在以下 64 位操作系统上支持 Visual Studio 2022： （1）Windows 11 版本 21H2 或更高版本，如家庭版、专业版、专业教育版、专业工作站版、企业版和教育版。 （2）Windows 10 版本 1909 或更高版本，如家庭版、专业版、教育版和企业版。 （3）Windows Server Core 2022。 （4）Windows Server Core 2019。 （5）Windows Server 核心 2016。 （6）Windows Server 2022 标准和数据中心。 （7）Windows Server 2019 标准和数据中心。 （8）Windows Server 2016 标准和数据中心
硬件	（1）建议使用四核或更好的处理器，如 ARM64 或 x64 处理器。不支持 ARM 32 处理器。 （2）内存至少 4GB。许多因素都会影响所使用的资源。对于典型的专业解决方案，建议使用 16GB 内存。 （3）硬盘要有 850MB~210GB 可用空间，具体取决于安装的功能；典型安装需要 20~50GB 的可用空间。建议在固态硬盘上安装 Windows 和 Visual Studio 以提高性能。 （4）支持最低显示分辨率为 WXGA（1366 像素×768 像素）的显卡。Visual Studio 最适宜的分辨率为 1920 像素×1080 像素或更高。

以下是 Visual Studio Community 2022 版本安装步骤。

（1）启动安装程序，如图 1-1 所示。

（2）单击"继续"按钮，进入如图 1-2 所示的界面，显示下载及安装进度。

（3）下载安装完成以后，进入如图 1-3 所示的界面。

（4）选择安装的选项，如图 1-4 所示。

编程环境的安装过程

图 1-1　启动安装程序界面

图 1-2　显示下载及安装进度

图 1-3　安装选项选择界面

图 1-4　选择需要安装的模块

（5）单击"安装"按钮，进入如图 1-5 所示的界面，显示下载和安装进度。

图 1-5　下载和安装界面

（6）下载和安装需要一段时间。安装完成后，会出现如图 1-6 所示的界面，选择是否重启操作系统。

图 1-6　确定是否重启系统

（7）重启操作系统之后，重新打开 Visual Studio，进入如图 1-7 所示的界面。

图 1-7　开发设置界面

（8）从中选择"开发设置""颜色主题"，进入如图 1-8 所示的界面。

图 1-8 启动后的 Visual Studio

1.1.2 熟悉 Visual Studio 2022 编程环境

Visual Studio 2022 将程序开发中用到的各种功能集成在一个公共的工作环境中，称为 IDE。在该编程开发环境中提供了各种控件、窗口和方法，用户可以方便地进行各种应用程序的开发，以及在各种开发界面之间切换，可以在很大程度上节约开发时间。

1. Visual Studio 2022 创建 VB.NET Windows 应用程序

（1）启动 Visual Studio 2022，初始界面如图 1-9 所示。

图 1-9 Visual Studio 2022 启动后的初始界面

（2）选择"创建新项目"，然后进入如图 1-10 所示的创建新项目的界面。

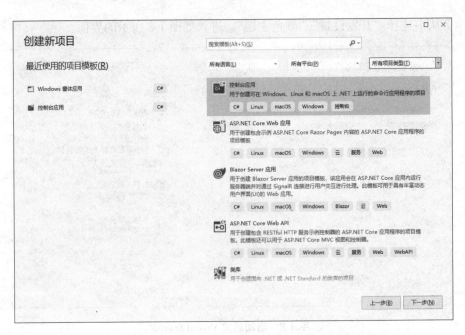

图 1-10　创建 VB.NET Windows 应用程序

（3）在"所有语言"下拉列表中选择 Visual Basic，在"所有项目类型"下拉列表中选择"桌面"，然后在出现的可以创建项目的模板里选择"Windows 窗体应用"，如图 1-11 所示。

图 1-11　选择创建"Windows 窗体应用"模板

（4）单击"下一步"按钮，进入如图 1-12 所示的配置新项目的界面。

（5）设置好项目名称，选择项目的保存位置，设置好解决方案名称，然后单击"下一步"按钮，进入如图 1-13 所示的界面选择框架版本。

图 1-12　配置新项目

图 1-13　选择框架版本

（6）单击"创建"按钮，将完成项目的创建，进入如图 1-14 所示的界面。

图 1-14　新建的 VB.NET Windows 应用程序

图 1-15 "文件"菜单的下拉菜单项

2. Visual Studio 2022 的开发环境的组成

Visual Studio 2022 的开发环境主要由菜单、工具栏、窗体、工具箱、属性窗口和解决方案资源管理器等几部分组成。

（1）菜单。菜单包括"文件""编辑""视图"等，其中包含了开发 VB.NET 程序常见的命令。

① "文件"菜单如图 1-15 所示，它包含的主要菜单项说明如下。

新建：支持新建项目、仓库、文件等。

打开：支持打开已有的项目 / 解决方案、文件夹、网站、文件等。

关闭：关闭正在编写的项目。

关闭解决方案：关闭正在编写的解决方案。

退出：退出 Visual Studio 2022 编程环境。

② "编辑"菜单包含的主要菜单项有"转到""查找和替换""撤销""重做""剪切""复制""粘贴"等，如图 1-16 所示。

③ "视图"菜单包含的主要菜单项有"代码""设计器""解决方案资源管理器""服务器资源管理器""类视图""工具箱"等，如图 1-17 所示。具体说明如下。

图 1-16 "编辑"菜单的下拉菜单项

图 1-17 "视图"菜单的下拉菜单项

代码：打开代码编辑界面。

设计器：打开设计器编辑界面。

解决方案资源管理器：打开解决方案资源管理器窗口。

服务器资源管理器：打开和服务器以及数据库相关内容的操作界面。

类视图：打开类视图窗口。

工具箱：打开工具箱窗口。

④ Git 菜单包含的菜单项有"克隆""创建 Git 仓库""本地存储库""设置"，如图 1-18 所示。

⑤ "项目"菜单包含的主要菜单项有"添加窗体（Windows 窗体）""添加用户控件（Windows 窗体）""添加类""设为启动项目"等，如图 1-19 所示。具体说明如下。

图 1-18　Git 菜单的下拉菜单项

添加窗体（Windows 窗体）：向已有的应用程序中添加新的窗体。

添加用户控件（Windows 窗体）：添加用户自定义的控件。

添加类：添加 VB.NET 的类。

设为启动项目：将正在编辑的项目设为启动项。

⑥ "调试"菜单包含的主要菜单项有"开始调试""开始执行（不调试）"等，如图 1-20 所示。具体说明如下。

图 1-19　"项目"菜单的下拉菜单项

图 1-20　"调试"菜单的下拉菜单项

开始调试：启动正在编辑的项目进行调试。

开始执行（不调试）：启动正在运行的项目。

（2）工具栏。工具栏在菜单栏的下面，如图 1-21 所示。工具栏提供了常用命令的快速访问按钮，单击某个按钮，可执行对应的操作，效果和使用菜单是一样的。

图 1-21　工具栏的界面

（3）窗体。在创建了一个 Windows 应用程序后，系统会自动生成一个默认的窗体，也就是应用程序界面。在开发过程中，用户编程使用的各种控件就是布局在窗体之上的，当程序运行时，用户所看到的就是窗体。应用程序的设计界面及各功能窗口如图 1-22 所示。

图 1-22　应用程序的设计界面及各功能窗口

（4）工具箱。工具箱中提供了各种控件、容器、菜单和工具栏、组件、对话框和数据等。在默认情况下，工具箱将控件和各种组件按照功能的不同进行了分类，如图 1-23 所示。

用户在编程过程中可以根据需要选择各种控件和组件。如果所需要的控件或者组件在工具箱中找不到，可以在工具箱区域内右击，在出现的快捷菜单中选择"选择项"命令，打开"选择工具箱项"对话框，在该对话框中选择相应的控件或组件，如图 1-24 所示。

图 1-23　工具箱

图 1-24　"选择工具箱项"对话框

（5）属性窗口。属性窗口包含选定对象（Form 窗体或控件）的属性、事件列表。在设计程序时可以通过修改对象的属性来设计外观和相关值，这些属性值将是程序运行时各对象属性的初始值。属性窗口包括"按分类排序""字母顺序""属性""事件"等按钮，分别用于设置显示属性或者事件，以及显示时是按照分类还是按照字母顺序，如图 1-25 所示。

（6）解决方案资源管理器。解决方案资源管理器采用 Windows 资源管理器的界面，按照文件层次列出当前解决方案中的所有文件。解决方案资源管理器包括了"主页""切换视图""挂起更改筛选器""与活动文档同步""刷新""全部折叠"等按钮，如图 1-26 所示。

图 1-25　属性窗口的界面

图 1-26　解决方案资源管理器的界面

任务 1.2　VB.NET Windows 应用程序设计流程

本操作中建立一个简单的计算器程序，以熟悉应用程序的开发步骤。该程序的开发严格按照上述的 8 个步骤进行。

要求：设计制作一个简单的 Visual Basic Windows 应用程序，将两个文本框输入的数字进行相加，结果显示在标签控件 Label4 上，如图 1-27 所示。

VB.NET
Windows
应用程序
设计流程

1. 需求分析

该应用程序的功能是：有两个文本框作为用户的输入，用户在输入之后，需要判断是否是数字，如果是数字，单击"两操作数相加"按钮时，可以将两个操作数的值相加并显示在 Label4 控件上。如果两个文本框中有一个输入的不是数字，将给出提示。

图 1-27　任务 1.2 程序运行效果

2. 新建项目

按照上述步骤，新建一个 Visual Basic Windows 应用程序，界面如图 1-28 所示。

图 1-28　创建的 Form 界面

3. 创建用户界面

接下来在 Form（窗体）中添加控件，具体如下。

首先拖入 3 个标签控件 Label，再拖入 2 个文本框控件 TextBox，最后拖入 1 个按钮控件。拖入控件后，将控件的位置调整好，设置控件的属性，如表 1-2 所示。

表 1-2　设置控件的属性

控 件 类 型	属　　性	属　性　值
Label	Text	操作数 1
Label	Text	操作数 2
Label	Text	结果
Button	Text	两个操作数相加

设计好的用户界面如图 1-29 所示。

4. 编写事件代码

编写事件代码是在代码编辑界面。在 Form 空白处右击，选择"查看代码"命令，将进入代码编辑界面，如图 1-30 所示。

本项目需要编写的代码在 Button 的事件中。双击 Button，进入该按钮的单击事件，编写代码如下。

图 1-29 设计好的用户界面

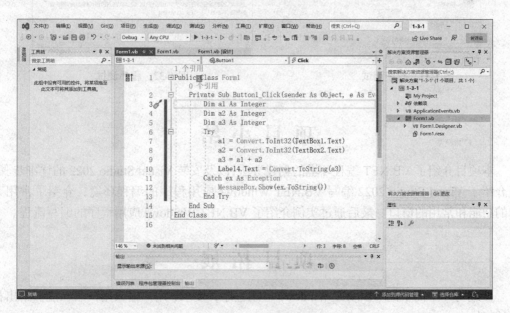

图 1-30 代码编辑界面

代码 1-1 按钮的单击事件

```
Private Sub Button1_Click(ByVal sender As System.Object, ByVal e As
System.EventArgs) Handles Button1.Click
    Dim a1 As Integer
    Dim a2 As Integer
    Dim a3 As Integer
    Try
        a1 = Convert.ToInt32(TextBox1.Text)
        a2 = Convert.ToInt32(TextBox2.Text)
```

```
        a3 = a1 + a2
        Label4.Text = Convert.ToString(a3)
    Catch ex As Exception
        MessageBox.Show(ex.ToString())
    End Try
End Sub
```

5. 运行、调试程序并测试

完成程序编写后，选择"调试"→"开始调试"命令，即可启动调试应用程序。程序运行后，当输入内容为数字并单击"两操作数相加"按钮时，两数相加并显示在结果中。

当输入的操作数不是数字，单击"两操作数相加"按钮后，会给出错误提示，效果如图 1-31、图 1-32 所示。

图 1-31　程序测试

图 1-32　程序测试

项 目 小 结

本项目介绍了 VB.NET 编程环境的创建方法，以及安装 Visual Studio 2022 的详细步骤。还介绍了 Visual Studio 2022 编写 VB.NET Windows 应用程序的编程环境，介绍了常用菜单的功能和常用的窗口。最后通过实例介绍了 VB.NET Windows 应用程序的编写流程。

项 目 拓 展

1. 编写一个简单的 VB.NET Windows 应用程序，要求：用户输入用户名，能够给出相应的问候。

2. 编写一个简单的 VB.NET Windows 应用程序，要求：实现用户的注册，用户输入"用户名""密码""个人简介"等信息，单击"提交"按钮后，可以通过标签控件 Label 显示出注册信息。

项目 2
设计制作计算器

本项目介绍 VB.NET 设计制作计算器程序的过程和涉及的相关知识技能点，以此来介绍 VB.NET 开发 Windows 应用程序开发技术的结构、特点和开发流程。

知识目标：

（1）了解 .NET 平台的基本结构；

（2）了解 Windows 应用程序开发技术的原理；

（3）掌握 VB.NET 简单语句的结构；

（4）掌握 VB.NET 程序调试的流程。

能力目标：

（1）掌握创建 VB.NET 应用程序的方法；

（2）掌握 VB.NET 基本输入 / 输出控件的使用方法；

（3）掌握 VB.NET 创建计算器程序的设计流程；

（4）掌握 VB.NET 基本语句的编写方法。

课程思政目标：

（1）引导学生逐步养成项目开发的逻辑思维；

（2）潜移默化引导学生树立社会主义核心价值观；

（3）引导学生树立正确的技能观，推广服务于人民和社会的项目。

任务 2.1 掌握 VB.NET 基本输入 / 输出控件

创建 Label 控件显示文本

2.1.1 用 Label 控件显示文本

1. 要求和目的

1）要求

设计一个界面，包含一个 Label（标签）控件和一个 Button（按钮）控件，Label 控件能够显示单击了几次按钮。程序运行效果如图 2-1 所示。

2）目的

（1）掌握按钮控件 Button 的常用事件。

（2）掌握标签控件 Label 常用的属性。

（3）掌握基本数据类型的使用方法。

图 2-1 任务 2.1 程序运行效果

2. 设计步骤

第一步：界面设计。

打开 Visual Studio 2022 编程环境，创建一个名称为 2-1-1 的 Visual Basic Windows 应用程序，首先将窗体名称改为 Label。在窗体中拖入 1 个 Label 控件，用于显示按钮的单击次数；再拖入 1 个 Button 控件，单击该按钮，在文本框中显示单击次数。

本程序的设计界面如图 2-2 所示。

图 2-2　程序设计界面 1

第二步：编写事件代码。

进入该程序的代码文件，首先定义一个全局变量：

```
Dim i As Integer = 1
```

双击 Button 控件，进入该按钮的单击事件，编写代码如下：

```
Private Sub Button1_Click(ByVal sender As System.Object, ByVal e As
System.EventArgs) Handles Button1.Click
    Label1.Text = "单击第" & i & "次"
    i += 1
End Sub
```

第三步：编译、运行并测试。

编写完代码之后，单击"保存"按钮，保存编写好的代码。按 F5 键运行该程序，并测试。

3. 相关知识点

Label 控件用于显示文本，但是不能输入。

（1）Label 控件常用的属性。

• Enable 属性：该属性设置 Label 控件是否可用。

• Visible 属性：该属性设置 Label 控件是否可见。

• Font 属性：该属性设置 Label 控件所显示文本的字体。

- BackColor 属性：该属性设置 Label 控件的背景色。
- TextAlign 属性：该属性设置 Label 控件的文本对齐方式。
- BackgroudImage 属性：该属性设置 Label 控件的背景图片。
- Text 属性：该属性设置 Label 控件显示的文本内容。

（2）Label 控件常用的事件

Click 事件：该事件在 Label 控件被单击时触发。

2.1.2 用 TextBox 控件创建输入框

创建
TextBox
控件输
入框

1. 要求和目的

1）要求

创建一个程序，要求能输入姓名和专业班级，单击"提交"按钮后，可以显示出用户所提交的信息，如图 2-3 所示。

2）目的

（1）掌握 TextBox 控件常用的属性。

（2）掌握 Label 控件常用的属性。

图 2-3 输入数据后程序的运行效果

2. 设计步骤

第一步：界面设计。

打开 Visual Studio 2022 编程环境，新建一个名称为 2-1-2 的 Visual Basic Windows 应用程序。

在窗体中拖入 3 个 Label 控件，将其 Text 属性分别改为"姓名："专业班级："""；在窗体中拖入 3 个 TextBox 控件；最后拖入 1 个 Button 控件，将其 Text 属性改为"提交"。该程序的设计界面如图 2-4 所示。

图 2-4 程序设计界面 2

第二步：编写事件代码。

双击"提交"按钮，进入该按钮的单击事件，编写代码如下。

代码 2-1："提交"按钮的单击事件

```
Private Sub Button1_Click(ByVal sender As System.Object, ByVal e As
System.EventArgs) Handles Button1.Click
    Dim a1 As String
    Dim a2 As String
    a1 = TextBox1.Text.ToString()
    a2 = TextBox2.Text.ToString()
    Label3.Text = "您提交的信息是: " + a1 + a2
End Sub
```

第三步：编译运行并测试。

编写好代码后，单击"保存"按钮保存该程序。按 F5 键运行该程序并测试。

3. 相关知识点

TextBox 控件是最基本的输入控件，用来接收键盘输入的文本。

（1）TextBox 控件常用的属性。

Enable 属性：该属性设置 TextBox 控件是否可用。

Visible 属性：该属性设置 TextBox 控件是否可见。

Font 属性：该属性设置 TextBox 控件所显示文本的字体。

BackColor 属性：该属性设置 TextBox 控件的背景色。

TextAlign 属性：该属性设置 TextBox 控件的文本对齐方式。

BackgroudImage 属性：该属性设置 TextBox 控件的背景图片。

ForeColor 属性：该属性设置 TextBox 控件字体的颜色。

Text 属性：该属性用来显示和接收 TextBox 控件的文本，既可以显示也可以输入。格式如下：

```
TextBox1.Text=" 欢迎您 "            ' 该文本框将显示"欢迎您"三个字
Dim a as String=TextBox1.Text      ' 接收 TextBox 控件中的文本
```

MutiLine 属性：该属性设置文本框是否允许多行显示，True 表示可以多行显示，False 表示只能单行显示。

PasswordChar 属性：该属性设置是否为密码框，如果为空表示不是密码框；如果输入特定字符，如"*"，则表示使用"*"密文显示文本。

ReadOnly 属性：该属性为 True，则控件只能读而不能写。

（2）TextBox 控件常用的事件。

TextChanged 事件：该事件在 TextBox 控件文本内容改变时触发。

任务 2.2　设计制作计算器

1. 要求与目的

1）要求

建立一个如图 2-5 所示的计算器界面，具有数字键 0~9、小数点键"."、开始键 ON、

运算符按键 "+""–""*""/"、计算按键 "=",要求各个
数字键及功能键能完成正常的数学计算。

2）目的

（1）掌握按钮控件的使用方法。

（2）掌握字符串处理的方法。

（3）掌握常见算术运算的实现方法。

（4）掌握文本框控件的使用方法。

图 2-5　计算器程序运行效果

2. 设计步骤

第一步：界面设计。

打开 Visual Studio 2022 编程环境，新建一个名称为 2-2-1 的 Visual Basic Windows 应
用程序。在窗体中拖入 1 个 TextBox 控件；添加 Button 控件共计 19 个，对应 0~9 数字键、
"+""–""*""/" 运算符键以及其他按键。窗体及控件的主要属性设置如表 2-1 所示。

表 2-1　窗体及控件的主要属性

控　件	属　性	属　性　值	说　明
Form1	Name	Form1	窗体名称
TextBox1	Name	TextBox1	文本框控件名称
Button1	Name	Button1	按键 "0"
Button2	Name	Button2	按键 "."
Button3	Name	Button3	按键 "归零"
Button5	Name	Button5	按键 "="
Button6	Name	Button6	按键 "1"
Button7	Name	Button7	按键 "2"
Button8	Name	Button8	按键 "3"
Button9	Name	Button9	按键 "+"
Button10	Name	Button10	按键 "–"
Button11	Name	Button11	按键 "4"
Button12	Name	Button12	按键 "5"
Button13	Name	Button13	按键 "6"
Button14	Name	Button14	按键 "*"
Button15	Name	Button15	按键 "/"
Button16	Name	Button16	按键 "7"
Button17	Name	Button17	按键 "8"
Button18	Name	Button18	按键 "9"
Button19	Name	Button19	按键 "ON"
Button20	Name	Button20	按键 "OFF"

界面设计效果如图 2-6 所示。

图 2-6　计算器程序设计界面

3. 编写事件代码

（1）先定义全局变量。

```
Dim strmiddle() As String = {"0", "0", "0"}
Dim calmethod1 As String = "0"
Dim calmethod2 As String = "0"
Dim strdot As Boolean = False
```

（2）双击数字键"0"按钮 Button1，进入该按钮的事件，编写代码如下。

代码 2-2："0"按钮的单击事件

```
Private Sub Button1_Click(ByVal sender As System.Object, ByVal e As
System.EventArgs) Handles Button1.Click
    If strmiddle(0) = "0" Then
    TextBox1.Text = strmiddle(0) & "."
    ElseIf strdot = False Then
        strmiddle(0) = strmiddle(0) & "0"
        TextBox1.Text = strmiddle(0) & "."
    Else
        strmiddle(0) = strmiddle(0) & "0"
        TextBox1.Text = strmiddle(0)
    End If
End Sub
```

（3）双击小数点键"."Button2，进入该按钮的事件，编写代码如下。

代码 2-3："."按钮的单击事件

```
Private Sub Button2_Click(ByVal sender As System.Object, ByVal e As
System.EventArgs) Handles Button2.Click
    strdot = True
```

```
        strmiddle(0) = strmiddle(0) & "."
        TextBox1.Text = strmiddle(0)
End Sub
```

（4）双击"归零"按键按钮 Button3，进入该按钮的事件，编写代码如下。

代码 2-4："归零"按钮的单击事件

```
Private Sub Button3_Click(ByVal sender As System.Object, ByVal e As
System.EventArgs) Handles Button3.Click
    strmiddle(0) = "0"
    strmiddle(1) = "0"
    strmiddle(2) = "0"
    calmethod1 = "0"
    calmethod2 = "0"
    strdot = False
    TextBox1.Text = "0."
End Sub
```

（5）双击计算按键"="按钮 Button5，进入该按钮的事件，编写代码如下。

代码 2-5："="按钮的单击事件

```
Private Sub Button5_Click(ByVal sender As System.Object, ByVal e As
System.EventArgs) Handles Button5.Click
    If strmiddle(2) = "0" Then
        Select Case calmethod1
          Case "+"
              TextBox1.Text = Str(Val(strmiddle(1)) + Val(strmiddle(0)))
          Case "-"
              TextBox1.Text = Str(Val(strmiddle(1)) - Val(strmiddle(0)))
          Case "*"
              TextBox1.Text = Str(Val(strmiddle(1)) * Val(strmiddle(0)))
          Case "/"
              If strmiddle(0) = "0" Then
                  TextBox1.Text = "error!"
              Else
                  TextBox1.Text = Str(Val(strmiddle(1)) / Val(strmiddle(0)))
              End If
        End Select
    ElseIf calmethod2 = "*" Then
        strmiddle(0) = Str(Val(strmiddle(0)) * Val(strmiddle(2)))
        Select Case calmethod1
          Case "+"
              TextBox1.Text = Str(Val(strmiddle(1)) + Val(strmiddle
              (0)))
          Case "-"
              TextBox1.Text = Str(Val(strmiddle(1)) - Val(strmiddle(0)))
          Case "*"
              TextBox1.Text = Str(Val(strmiddle(1)) * Val(strmiddle(0)))
          Case "/"
```

```
        If strmiddle(0) = "0" Then
            TextBox1.Text = "error!"
        Else
            TextBox1.Text = Str(Val(strmiddle(1)) / Val(strmiddle
            (0)))
        End If
    End Select
Else : calmethod2 = "/"
        strmiddle(0) = Str(Val(strmiddle(2)) / Val(strmiddle(0)))
        Select Case calmethod1
        Case "+"
    TextBox1.Text = Str(Val(strmiddle(1)) + Val(strmiddle(0)))
        Case "-"
    TextBox1.Text = Str(Val(strmiddle(1)) - Val(strmiddle(0)))
        Case "*"
    TextBox1.Text = Str(Val(strmiddle(1)) * Val(strmiddle(0)))
        Case "/"
            If strmiddle(0) = "0" Then
                TextBox1.Text = "error!"
            Else
                TextBox1.Text = Str(Val(strmiddle(1)) /
                Val(strmiddle(0)))
            End If
        End Select
    End If
End Sub
```

（6）双击数字键"1"按钮 Button6，进入该按钮的事件，编写代码如下。

代码 2-6："1"按钮的单击事件

```
Private Sub Button6_Click(ByVal sender As System.Object, ByVal e As
System.EventArgs) Handles Button6.Click
    If strmiddle(0) = "0" Then
        strmiddle(0) = "1"
        TextBox1.Text = strmiddle(0) & "."
    ElseIf strdot = False Then
        strmiddle(0) = strmiddle(0) & "1"
        TextBox1.Text = strmiddle(0) & "."
    Else
        strmiddle(0) = strmiddle(0) & "1"
        TextBox1.Text = strmiddle(0)
    End If
End Sub
```

（7）双击数字键"2"按钮 Button7，进入该按钮的事件，编写代码如下。

代码 2-7："2"按钮的单击事件

```
Private Sub Button7_Click(ByVal sender As System.Object, ByVal e As
System.EventArgs) Handles Button7.Click
If strmiddle(0) = "0" Then
```

```
        strmiddle(0) = "2"
     TextBox1.Text = strmiddle(0) & "."
   ElseIf strdot = False Then
        strmiddle(0) = strmiddle(0) & "2"
        TextBox1.Text = strmiddle(0) & "."
      Else
        strmiddle(0) = strmiddle(0) & "2"
        TextBox1.Text = strmiddle(0)
    End If
End Sub
```

（8）双击数字键"3"按钮 Button8，进入该按钮的事件，编写代码如下。

代码 2-8："3"按钮的单击事件

```
Private Sub Button8_Click(ByVal sender As System.Object, ByVal e As
System.EventArgs) Handles Button8.Click
If strmiddle(0) = "0" Then
      strmiddle(0) = "3"
      TextBox1.Text = strmiddle(0) & "."
   ElseIf strdot = False Then
      strmiddle(0) = strmiddle(0) & "3"
      TextBox1.Text = strmiddle(0) & "."
   Else
      strmiddle(0) = strmiddle(0) & "3"
      TextBox1.Text = strmiddle(0)
   End If
End Sub
```

（9）双击计算键"+"按钮 Button9，进入该按钮的事件，编写代码如下。

代码 2-9："+"按钮的单击事件

```
Private Sub Button9_Click(ByVal sender As System.Object, ByVal e As
System.EventArgs) Handles Button9.Click
    If calmethod1 = "0" Then
       calmethod1 = "+"
       strmiddle(1) = strmiddle(0)
       strmiddle(0) = "0"
    Else : Select Case calmethod1
         Case "+"
             strmiddle(1) = Str(Val(strmiddle(0)) + Val(strmiddle(1)))
             strmiddle(0) = "0"
             calmethod1 = "+"
         Case "-"
             strmiddle(1) = Str(Val(strmiddle(1)) - Val(strmiddle(0)))
             strmiddle(0) = "0"
             calmethod1 = "+"
         Case "*"
             strmiddle(1) = Str(Val(strmiddle(0)) * Val(strmiddle(1)))
             strmiddle(0) = "0"
             calmethod1 = "+"
         Case "/"
```

```
                    strmiddle(1) = Str(Val(strmiddle(1)) / Val(strmiddle(0)))
                    strmiddle(0) = "0"
                    calmethod1 = "+"
            End Select
        End If
End Sub
```

（10）双击计算键 "-" 按钮 Button10，进入该按钮的事件，编写代码如下。

代码 2-10："-" 按钮的单击事件

```
Private Sub Button10_Click(ByVal sender As System.Object, ByVal e As
System.EventArgs) Handles Button10.Click
    If calmethod1 = "0" Then
        calmethod1 = "-"
        strmiddle(1) = strmiddle(0)
        strmiddle(0) = "0"
    Else : Select Case calmethod1
        Case "+"
            strmiddle(1) = Str(Val(strmiddle(0)) + Val(strmiddle(1)))
            strmiddle(0) = "0"
            calmethod1 = "-"
        Case "-"
            strmiddle(1) = Str(Val(strmiddle(1)) - Val(strmiddle(0)))
            strmiddle(0) = "0"
            calmethod1 = "-"
        Case "*"
            strmiddle(1) = Str(Val(strmiddle(0)) * Val(strmiddle(1)))
            strmiddle(0) = "0"
            calmethod1 = "-"
        Case "/"
            strmiddle(1) = Str(Val(strmiddle(1)) / Val(strmiddle(0)))
            strmiddle(0) = "0"
            calmethod1 = "-"
        End Select
    End If
End Sub
```

（11）双击数字键 "4" 按钮 Button11，进入该按钮的事件，编写代码如下。

代码 2-11："4" 按钮的单击事件

```
Private Sub Button11_Click(ByVal sender As System.Object, ByVal e As
System.EventArgs) Handles Button11.Click
    If strmiddle(0) = "0" Then
        strmiddle(0) = "4"
        TextBox1.Text = strmiddle(0) & "."
    ElseIf strdot = False Then
        strmiddle(0) = strmiddle(0) & "4"
        TextBox1.Text = strmiddle(0) & "."
    Else
        strmiddle(0) = strmiddle(0) & "4"
```

```
        TextBox1.Text = strmiddle(0)
    End If
End Sub
```

（12）双击数字键"5"按钮 Button12，进入该按钮的事件，编写代码如下。

代码 2-12："5"按钮的单击事件

```
Private Sub Button12_Click(ByVal sender As System.Object, ByVal e As
System.EventArgs) Handles Button12.Click
    If strmiddle(0) = "0" Then
        strmiddle(0) = "5"
        TextBox1.Text = strmiddle(0) & "."
    ElseIf strdot = False Then
        strmiddle(0) = strmiddle(0) & "5"
        TextBox1.Text = strmiddle(0) & "."
    Else
        strmiddle(0) = strmiddle(0) & "5"
        TextBox1.Text = strmiddle(0)
    End If
End Sub
```

（13）双击数字键"6"按钮 Button13，进入该按钮的事件，编写代码如下。

代码 2-13："6"按钮的单击事件

```
Private Sub Button13_Click(ByVal sender As System.Object, ByVal e As
System.EventArgs) Handles Button13.Click
    If strmiddle(0) = "0" Then
        strmiddle(0) = "6"
        TextBox1.Text = strmiddle(0) & "."
    ElseIf strdot = False Then
        strmiddle(0) = strmiddle(0) & "6"
        TextBox1.Text = strmiddle(0) & "."
    Else
        strmiddle(0) = strmiddle(0) & "6"
        TextBox1.Text = strmiddle(0)
    End If
End Sub
```

（14）双击计算键"*"按钮 Button14，进入该按钮的事件，编写代码如下。

代码 2-14："*"按钮的单击事件

```
Private Sub Button14_Click(ByVal sender As System.Object, ByVal e As
System.EventArgs) Handles Button14.Click
    If calmethod1 = "0" Then
        calmethod1 = "*"
        strmiddle(1) = strmiddle(0)
        strmiddle(0) = "0"
    Else : Select Case calmethod1
            Case "+"
                calmethod2 = "*"
```

```
                  strmiddle(2) = strmiddle(0)
                  strmiddle(0) = "0"
            Case "-"
                  calmethod2 = "*"
                  strmiddle(2) = strmiddle(0)
                  strmiddle(0) = "0"
            Case "*"
                  strmiddle(1) = Str(Val(strmiddle(0)) * Val(strmiddle(1)))
                  strmiddle(0) = "0"
                  calmethod1 = "*"
            Case "/"
                  strmiddle(1) = Str(Val(strmiddle(1)) / Val(strmiddle(0)))
                  strmiddle(0) = "0"
                  calmethod1 = "*"
         End Select
      End If
End Sub
```

（15）双击计算键 "/" 按钮 Button15，进入该按钮的事件，编写代码如下。

代码 2-15："/" 按钮的单击事件

```
Private Sub Button15_Click(ByVal sender As System.Object, ByVal e As
System.EventArgs) Handles Button15.Click
      If calmethod1 = "0" Then
            calmethod1 = "/"
            strmiddle(1) = strmiddle(0)
            strmiddle(0) = "0"
      Else : Select Case calmethod1
            Case "+"
                  calmethod2 = "/"
                  strmiddle(2) = strmiddle(0)
                  strmiddle(0) = "0"
            Case "-"
                  calmethod2 = "/"
                  strmiddle(2) = strmiddle(0)
                  strmiddle(0) = "0"
            Case "*"
                  strmiddle(1) = Str(Val(strmiddle(0)) * Val(strmiddle(1)))
                  strmiddle(0) = "0"
                  calmethod1 = "/"
            Case "/"
                  strmiddle(1) = Str(Val(strmiddle(1)) / Val(strmiddle(0)))
                  strmiddle(0) = "0"
                  calmethod1 = "/"
         End Select
      End If
End Sub
```

（16）双击数字键 "7" 按钮 Button16，进入该按钮的事件，编写代码如下。

代码 2-16："7"按钮的单击事件

```
Private Sub Button16_Click(ByVal sender As System.Object, ByVal e As
System.EventArgs) Handles Button16.Click
    If strmiddle(0) = "0" Then
        strmiddle(0) = "7"
        TextBox1.Text = strmiddle(0) & "."
    ElseIf strdot = False Then
        strmiddle(0) = strmiddle(0) & "7"
        TextBox1.Text = strmiddle(0) & "."
    Else
        strmiddle(0) = strmiddle(0) & "7"
        TextBox1.Text = strmiddle(0)
    End If
End Sub
```

（17）双击数字键"8"按钮 Button17，进入该按钮的事件，编写代码如下。

代码 2-17："8"按钮的单击事件

```
Private Sub Button17_Click(ByVal sender As System.Object, ByVal e As
System.EventArgs) Handles Button17.Click
    If strmiddle(0) = "0" Then
        strmiddle(0) = "8"
        TextBox1.Text = strmiddle(0) & "."
    ElseIf strdot = False Then
        strmiddle(0) = strmiddle(0) & "8"
        TextBox1.Text = strmiddle(0) & "."
    Else
        strmiddle(0) = strmiddle(0) & "8"
        TextBox1.Text = strmiddle(0)
    End If
End Sub
```

（18）双击数字键"9"按钮 Button18，进入该按钮的事件，编写代码如下。

代码 2-18："9"按钮的单击事件

```
Private Sub Button18_Click(ByVal sender As System.Object, ByVal e As
System.EventArgs) Handles Button18.Click
    If strmiddle(0) = "0" Then
        strmiddle(0) = "9"
        TextBox1.Text = strmiddle(0) & "."
    ElseIf strdot = False Then
        strmiddle(0) = strmiddle(0) & "9"
        TextBox1.Text = strmiddle(0) & "."
    Else
        strmiddle(0) = strmiddle(0) & "9"
        TextBox1.Text = strmiddle(0)
    End If
End Sub
```

（19）双击功能键"ON"按钮，进入该按钮的事件，编写代码如下。

代码 2-19："ON"按钮的单击事件

```
Private Sub Button19_Click(ByVal sender As System.Object, ByVal e As
System.EventArgs) Handles Button19.Click
    TextBox1.Text = "0."
End Sub
```

（20）双击功能键"OFF"按钮，进入该按钮的事件，编写代码如下。

代码 2-20："OFF"按钮的单击事件

```
Private Sub Button20_Click(ByVal sender As System.Object, ByVal e As
System.EventArgs) Handles Button20.Click
    Me.Close()
End Sub
```

（21）编写上述代码之后，保存、编译、运行并测试程序，效果如图 2-7 所示。

图 2-7　测试计算器程序

项 目 小 结

本项目介绍了常见输入 / 输出控件的属性和事件，通过实例介绍了常见输入 / 输出控件的使用方法。最后通过设计制作计算器实例，介绍了基本语句的编写，常见计算语句的编写以及控件编程的基本思路。

项 目 拓 展

在本项目的基础上设计制作一个文章管理系统，即在代码中存放着一些文本，要求用户通过输入框控件输入文章题目，单击"查询"按钮，如果能够搜索到文章题目，文章内容在 Label 控件中显示出来。

项目 3
设计制作考试系统

考试系统是现代教育技术中常用的一种考试形式。考试系统通过计算机软件生成考试题目，考生对生成的考试题目进行答卷，答卷交卷后由考试系统自动判断答题的对错，并自动给出分数。实现了考试的无纸化、自动阅卷、自动判分，节约了大量的人力、物力和资源。

本项目通过 VB.NET 设计一个简单的考试系统，设计包括"选择题""判断题"和"填空题"等考试题型。考生答题后，本考试系统将对答题情况进行判断，并给出相应的分数。

简单考试系统的界面如图 3-1 所示。

图 3-1 考试系统

简单考试系统的功能和使用流程如下：首先是生成考试试卷；考试界面包括"单项选择题""多项选择题""判断题"和"填空题"等题型，考生根据题目情况进行答题，答题后，单击"交卷"按钮交卷；考试系统自动评出分数，并把分数显示出来。

本考试系统的设计重点为练习 VB.NET 控件的使用方法，并不涉及数据库知识，所以在考试题目设置上，采用固定的题目以及事先设定好的答案。读者可以在学习完本书后面数据库相关项目之后自行设计数据库版本的考试系统。

知识目标：

（1）了解单选按钮及复选框的属性及特点；

（2）了解日期控件的属性及特点；

（3）了解滚动条控件的属性及特点；

（4）掌握 VB.NET 基本语句的语法格式。

能力目标：

（1）掌握单选按钮及复选框的使用方法；

（2）掌握日期控件的使用方法；

（3）掌握 VB.NET 判断分支语句的编程方法；

（4）掌握 VB.NET 过程语句的编程方法；

（5）掌握 VB.NET 菜单及窗体界面的设计方法。

课程思政目标：

（1）培养学生发现问题、分析问题和解决问题的能力；

（2）培养学生良好的 IT 职业素养和道德规范；

（3）提高学生在沟通表达、自我学习和团队协作方面的能力。

任务 3.1　使用常用控件

简单考试系统的设计中使用了单选按钮、复选按钮，以及日期、滚动条等控件。本任务将介绍考试系统涉及控件的创建和使用方法。

3.1.1　使用 RadioButton 控件和 GroupBox 控件

考试系统的单项选择题中用到单选按钮，单选按钮可以使用 RadioButton 控件和 GroupBox 控件来实现。单选按钮的最大特点就是同一组的按钮相互排斥，每次只能选中其中的一项，如图 3-2 所示。

单选按钮控件 RadioButton 常用的属性如下。

（1）Text 属性：用来设置或返回控件内显示的文本。

（2）Checked 属性：用来设置或返回单选按钮是否被选中。值为 True 时，表示控件被选中；值为 False 时，表示控件没有被选中。

（3）AutoCheck 属性：当该属性设置为 True 时，

图 3-2　RadioButton 按钮

使用
RadioButton
控件和
GroupBox
控件（1）

表示选择当前的单选按钮，并自动取消选中该组中其他单选按钮。

RadioButton 控件常用的事件如下。

（1）Click 事件：当单击控件按钮时，将把控件按钮的 Checked 属性值设置为 True，同时发生 Click 事件。

（2）CheckedChanged 事件：当 Checked 属性值更改时，将触发 CheckedChanged 事件。

GroupBox 控件用于为其他控件提供可识别的分组。通常使用分组框按功能细分窗体。例如，在考试系统中，各个题目都有相应的选项，为了区分不同题目的选项，可以采用 GroupBox 控件进行分组区分，如图 3-3 所示。

GroupBox 分组控件的常用属性为 Text 属性，该属性用来设置或返回控件标题的文本。

接下来使用 RadioButton 控件创建考试系统中的单项选择题和判断题。

新建一个 VB.NET Windows 应用程序，创建单项选择题。在新建的窗体中拖入如图 3-4 所示的控件。先加 3 个 Label 控件，其 Text 属性分别为："简单考试系统""一、单项选择题"和 "1. 对于所有控件，都可以使用（ ）属性设置或返回文本。"。再拖入 4 个 RadioButton 控件，其 Text 属性分别为 A.Text、B.Font、C.Name 和 D.Caption。

图 3-3 RadioButton 分组

图 3-4 单选题

拖入 1 个 Button 控件，将其 Text 属性设置为 "交卷"。双击 "交卷" 按钮，添加如下代码。

代码 3-1："交卷"按钮的单击事件

```
Private Sub Button1_Click(ByVal sender As System.Object, ByVal e As
System.EventArgs) Handles Button1.Click
    If RadioButton1.Checked Then
        MessageBox.Show("答案正确！")
    Else
        MessageBox.Show("答案错误，正确答案是A！")
    End If
End Sub
```

调试并运行程序，选择正确答案 A 并单击 "交卷" 按钮时，显示结果如图 3-5 所示。选择其他错误答案时，显示结果如图 3-6 所示。

图 3-5　提示 1

图 3-6　提示 2

再建立 1 个 VB.NET Windows 应用程序，创建判断题。在窗体中拖入 3 个 Label 控件，其 Text 属性分别为"简单考试系统""二、判断题"和"1. 双击工具箱中的控件，该控件将按其默认大小显示在窗体的左上角。"再拖入 2 个 RadioButton 控件，其 Text 属性分别为"对""错"。最后拖入 1 个 Button 控件，其 Text 属性设置为"交卷"，如图 3-7 所示。

使用
RadioButton
控件和
GroupBox
控件（2）

双击"交卷"按钮，进入代码编辑页面，添加如下代码。

图 3-7　判断题

代码 3-2："交卷"按钮的单击事件

```
Private Sub Button1_Click_1(ByVal sender As System.Object, ByVal e As
System.EventArgs) Handles Button1.Click
    If RadioButton1.Checked Then
        MessageBox.Show(" 正确! ")
    Else
        MessageBox.Show(" 错误,该判断题意是正确的! ")
    End If
End Sub
```

3.1.2　使用 CheckBox 控件

考试系统的多项选择题中用到复选框，复选框可以使用 CheckBox 控件来实现。CheckBox 控件和 RadioButton 控件相似的地方是都给用户提供可以选择的项，不同之处是

使用
CheckBox
控件

用户可根据需要在 CheckBox 控件中选择其中的一项或多项，如图 3-8 所示。

CheckBox 控件最常用的属性如下。

• Text 属性：用来设置或返回控件内显示的文本。

• Checked 属性：用来设置或返回控件是否被选中。

CheckBox 控件最常用的事件如下。

• Click 事件：当单击该控件时，将把控件的 Checked 属性值设置为 True，同时发生 Click 事件。

图 3-8　CheckBox 控件

• CheckedChanged 事件：当 Checked 属性值更改时，将触发 CheckedChanged 事件。
接下来使用 CheckBox 控件创建考试系统中的多项选择题。

新建 1 个 VB.NET Windows 应用程序，创建多项选择题。在新建的窗体中首先拖入 3 个 Label 控件，其 Text 属性分别为"简单考试系统""一、多项选择题"和"1. 对于显示图像的控件，都可以使用（　）方法设置图像。"然后拖入 4 个 CheckBox 控件，其 Text 属性分别为"A. 设置 image 属性""B. 设置 BackgroundImage 属性"" C. 编程"和"D. 设置 Text 属性"。最后拖入 1 个 Button 控件，其 Text 属性设置为"交卷"，如图 3-9 所示。

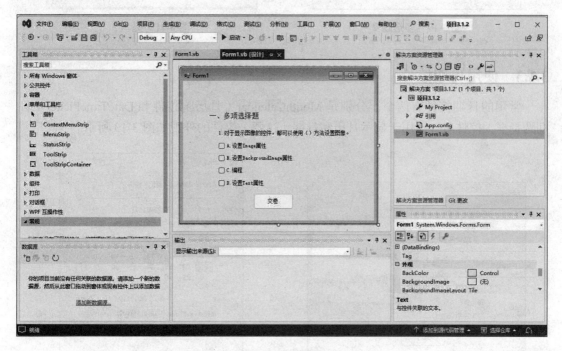

图 3-9　多选题 1

双击"交卷"按钮，在其单击事件中添加如下代码。

代码 3-3："交卷"按钮的单击事件

```
Private Sub Button1_Click(ByVal sender As System.Object, ByVal e As
System.EventArgs) Handles Button1.Click
    If CheckBox1.Checked And CheckBox2.Checked And CheckBox3.Checked
And Not CheckBox4.Checked Then
        MessageBox.Show(" 答案正确！ ")
    Else
        MessageBox.Show(" 答案错误，正确答案是 ABC")
    End If
End Sub
```

调试并运行程序，选择正确答案并单击"交卷"按钮时，显示结果如图 3-10 和图 3-11 所示。

当选择其他答案时，显示结果如图 3-12 所示。

图 3-10　多选题 2

图 3-11　提示 3

3.1.3　使用日期控件

常用的日期控件有两个，分别是 MonthCalendar（月历）控件和 DateTimePicker（日期选择框）控件名，即用于显示月历和日期。这两个控件的外观如图 3-13 所示。

图 3-12　提示 4

图 3-13　日期控件

接下来我们是用日期控件来设计一个简单的程序，程序中用户可以使用三种控件（分别是单选按钮、月历控件和日期选择控件）来选择日期，并形成这三种控件的互动。

新建一个 VB.NET Windows 应用程序。在新建的窗体中拖入 1 个 GroupBox 控件，更改其 Text 属性为"选择月份"；在该 GroupBox 控件上拖入 12 个 RadioButton（单选按钮）控件，把它们的 Text 属性分别设置为"一月""二月"……"十二月"；然后拖入 1 个 MonthCalendar 控件和 1 个 DateTimePicker 控件，如图 3-14 所示。

接下来，进入该程序的代码编辑页面，首先在 Form1 的类定义中添加如下代码。

代码 3-4：changemonth 方法

```
Private Sub changemonth(ByVal month As Integer)
    If month >= 1 And month <= 12 Then
        Dim newdate As New DateTime(DateTimePicker1.Value.Year, month, 1)
        DateTimePicker1.Value = newdate
        MonthCalendar1.SelectionStart = newdate
```

图 3-14　日期控件应用程序

```
        MonthCalendar1.SelectionEnd = newdate.AddDays(3)
    End If
End Sub
```

此段程序中，关键语句 Dim newdate As New DateTime(DateTimePicker1.Value.Year, month, 1) 中，DateTimePicker1.Value.Year 的含义是返回日期选择控件默认显示的年份。该语句定义一个变量 newdate，它的值是 DateTime 类型的。

添加这部分代码之后，接下来对 12 个单选按钮添加事件，分别单击每个单选按钮控件。

第 1 个单选按钮事件中添加 changemonth(1)，

第 2 个单选按钮事件中添加 changemonth(2)

……

第 12 个单选按钮事件中添加 changemonth(12)。

添加完 12 个单选按钮事件之后，双击 DateTimePicker 控件，在该事件中添加如下代码：

```
Monthcalendar1.todaydate=datetimepicker1.value
```

该条语句的含义是，设置月历控件"今天"的时间是日期选择控件所选择的日期。

使用日期控件

添加完代码之后，编译、运行该程序并测试。选择左边单选按钮控件对应的月份，右边日期月历控件和日期选择控件会显示对应的月份，并且在月历控件中会显示对应的日期选择范围；使用日期选择控件选择日期，月历控件的当前日期会随之改变。运行效果如图 3-15 所示。

图 3-15　日期控件程序运行效果

3.1.4　使用滚动条控件

滚动条是 Windows 应用程序中常用的控件，

滚动条包括水平滚动条和垂直滚动条两种。在 VB.NET 中，可以使用水平滚动条 HScrollBar 控件和垂直滚动条 VScrollBar 控件来实现滚动条效果。

ScrollBar 控件常用的属性如下。

- MiniMum 属性：指定滚动范围的下限。
- MaxMum 属性：指定滚动范围的上限。
- Value 属性：表示滚动框在滚动条中的当前位置。

ScrollBar 控件常用的事件如下。

Scroll 事件：无论是水平滚动条还是垂直滚动条，在用户单击上下（或左右）按钮，以及移动滚动条或者单击滚动条空白区时，都会产生一个 Scroll 事件，对滚动条的编程主要就是围绕 Scroll 事件展开的。

接下来使用滚动条来设计一个图片浏览器，实现图片的滚动浏览。在这个程序中，我们使用了图片框 PictureBox 控件。

PictureBox 控件是用来在窗体上显示图片的控件，它可以显示包括位图、元文件、图标、JPEG、GIF 或 PNG 等格式的图片，功能非常强大。

PictureBox 控件的常用属性如下

- Image 属性：指定为要显示的 Image 对象。
- SizeMode 属性：该属性有 4 种可能的取值。当该属性为 PictureBoxSizeMode.AutoSize 时，使 PictureBox 的大小自动地等于其所显示图片的大小；当该属性值为 PictureBoxSizeMode.CenterImage 时，使图片居中显示，如果图片比 PictureBox 大，则不显示外边缘；当该属性值为 PictureBoxSizeMode.Normal 时，调整图片的大小，以使其位于 PictureBox 的左上角，若图片比 PictureBox 大，则裁掉其余部分；当该属性值为 PictureBoxSizeMode.StretchImage 时，为调整图片的大小，以使其正好充满 PictureBox。

建立一个 VB.NET Windows 应用程序，在新建的窗体中拖入 2 个 PictureBox 控件（picturebox1 范围较大，picturebox2 在 picturebox1 里面）。再拖入 1 个水平滚动条控件 HScrollBar 和一个垂直滚动条控件 VScrollBar。为 picturebox2 的 image 属性指定一幅图片，单击图片控件 picturebox2 的 image 属性栏中的省略号，在弹出的文件选择框中选择一幅图片。注意图片尺寸要大一些，否则滚动条就不会起作用。设计界面如图 3-16 所示。

双击窗体的空白区域（没有任何控件的地方），进入代码编辑页面的 Form1_load 事件中，添加如下代码。

代码 3-5：Form1_load 事件

```
Private Sub Form1_Load(ByVal sender As System.Object, ByVal e As
System.EventArgs) Handles MyBase.Load
    PictureBox1.Controls.Add(PictureBox2)
    PictureBox2.Left = 0
    PictureBox2.Top = 0
    PictureBox2.SizeMode = PictureBoxSizeMode.AutoSize
    VScrollBar1.Maximum = PictureBox2.Height - PictureBox1.Height
    HScrollBar1.Maximum = PictureBox2.Width - PictureBox1.Width
End Sub
```

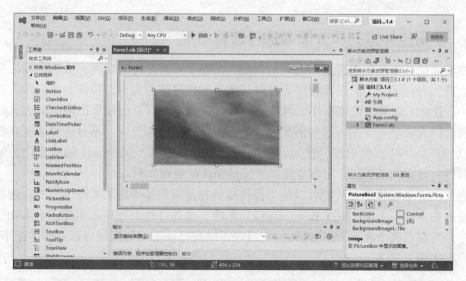

图 3-16 滚动条设计界面

接下来添加滚动条代码。双击垂直滚动条，在该滚动条的事件中添加如下代码。

代码 3-6：VScrollBar1_Scroll 事件

```
Private Sub VScrollBar1_Scroll(ByVal sender As System.Object, ByVal e
As System.Windows.Forms.ScrollEventArgs) Handles VScrollBar1.Scroll
    PictureBox2.Top = -(VScrollBar1.Value)
End Sub
```

双击水平滚动条，在该滚动条的事件中添加如下代码。

代码 3-7：HScrollBar1_Scroll 事件

```
Private Sub HScrollBar1_Scroll(ByVal sender As System.Object, ByVal e
As System.Windows.Forms.ScrollEventArgs) Handles HScrollBar1.Scroll
    PictureBox2.Left = -(HScrollBar1.Value)
End Sub
```

编写程序结束后，编译、运行该程序，效果如图 3-17 所示。

如果图片太大，就会有一部分无法显示，此时可以使用滚动条来查看窗体之外的部分，效果如图 3-18 所示。

图 3-17 滚动条程序运行效果

图 3-18 滚动条滚动效果

3.1.5　使用控件排列和分隔条进行窗体布局

在前面的几个案例中会发现这样的问题：在程序界面设计的时候，虽然已经把控件在窗体上排列得很好了，但是在程序运行时，如果改变窗体的大小，控件却不会跟着窗体改变大小。比如：如果把窗体缩小，可能有些控件就看不到了；而如果把窗体放大，控件也不会自动扩大来填补空隙。这些情况往往影响窗体的使用和美观。不过这种情况在比较成熟的软件产品中却不会出现，比如，常见的 Windows 窗体，无论窗体如何变化，窗体上的工具栏、显示区域等都会跟着变化，并保持窗体的合理布局。

在 VB.NET 编程中，我们可以使用控件排列和分隔条等措施来实现窗体的合理布局。

接下来建立一个 VB.NET Windows 应用程序，并通过这个程序来实现记事本功能。即该程序分为左右两个区域，左边区域列出目录（时间目录），右边区域显示对应的记事内容。设计界面如图 3-19 所示。

图 3-19　树视图设计界面

本程序用到树视图控件 TreeView，该控件的主要特点是：显示的内容以树形目录的形式来展示。TreeView 控件常用的属性为 Nodes。单击该属性后边的省略号，会出现"树节点编辑器"，如图 3-20 所示。

在这个编辑器中可以设置树视图控件的节点，还可以设置子节点。另外，还可以通过程序来添加子节点。

编辑好树视图控件的节点之后，可以设置树视图控件的 Dock 属性。

Dock 属性是 VB.NET 控件中新增的一个属性，用于窗体的布局。单击 TreeView 控件的 Dock 属性，会出现一个包含 6 个小方块区域的下拉框，如图 3-21 所示。

Dock 的意思是"停靠"，这 6 个小方块实际上是设置"控件停靠在哪一边"。比如，选择上边的小方块，Dock 属性就为 Top，控件就会停在窗体的顶端，而且无论窗体如何变化，它都会在顶端横跨窗体左右；如果选择左边小方块，就会把 Dock 设置成 Left，控

图 3-20　编辑树节点　　　　　　　图 3-21　设置 Dock 属性

件就会一直占据窗体的左边，占据多大编辑要视控件的大小而定；如果选择中间的小方块，就把 Dock 设置成 Fill（填满），将使控件填满窗体剩余的区域；如果选择下边的小方块，就把 Dock 设置成 Bottom，使得控件停靠在窗体的底端区域；如果选择左边的小方块，就把 Dock 设置成 Right，使得控件停靠在窗体的右边区域。

在这个程序中再添加一个分隔条控件 Splitter，该控件可以实现类似资源管理器的效果，左右两边可以自由调整界面的宽度，而且不需要任何代码。设置该分隔条控件的 Dock 属性为 Left。

最后，在程序界面的右边部分添加一个富文本控件 RickTextBox，设置该控件的 Dock 属性为 Fill（填满剩余区域）。该控件用于记事本记录内容。

在设置好窗体界面之后，接下来添加程序的代码。双击 Form1 的标题栏，在弹出的 Form1_Load 事件处理程序中添加如下代码。

代码 3-8: Form1_Load 事件

```
Private Sub Form1_Load(ByVal sender As System.Object, ByVal e As
System.EventArgs) Handles MyBase.Load
Dim trnclass As TreeNode
For Each trnclass In TreeView1.Nodes
    trnclass.Nodes.Add("上午")
    trnclass.Nodes.Add("下午")
Next
RichTextBox1.Text = ""
End Sub
```

该段程序的目的是给每个节点添加两个子节点，并让 RichTextBox 控件的显示为空白。

在 Form1 的类定义中添加 2 个私有字符串数组，用于存储记事内容。

```
Private strclassNotes(10) As String
Private strDayNotes(5) As String
```

双击 TreeView 控件，在 TreeView1_ AfterSelect 事件处理程序中添加如下代码。

代码 3-9：TreeView1_ AfterSelect 事件

```
Private Sub TreeView1_AfterSelect(ByVal sender As System.Object,
ByVal e As System.Windows.Forms.TreeViewEventArgs) Handles TreeView1.
AfterSelect
    Dim trnCurrentNode As TreeNode
    Static iClassIndex As Integer = 0
    Static iDayIndex As Integer = 0
    If iClassIndex <> -1 Then strclassNotes(iClassIndex) = RichTextBox1.
    Text
    If iDayIndex <> -1 Then strDayNotes(iDayIndex) = RichTextBox1.Text
    trnCurrentNode = TreeView1.SelectedNode
    If trnCurrentNode.Parent Is Nothing Then
        iClassIndex = -1
        iDayIndex = trnCurrentNode.Index
        RichTextBox1.Text = strDayNotes(iDayIndex)
    Else
        iDayIndex = -1
        iClassIndex = trnCurrentNode.Parent.Index * 4 + trnCurrentNode.Index
        RichTextBox1.Text = strclassNotes(iClassIndex)
    End If
End Sub
```

编写之后，编译、运行该程序，效果如图 3-22 所示。

图 3-22 记事程序运行效果

任务 3.2 掌握 VB.NET 基本语句

3.2.1 使用判断分支语句

考试系统中试题的对错判断，涉及对考生所选择控件状态的判断。可以使用 VB.NET 的分支和循环语句来实现对控件状态的读取和判断。

VB.NET 的语句是可包含关键字、运算符、变量、常量和表达式的完整指令。没有控制结构的程序按顺序执行，从程序段的第一个语句到最后一个。控制结构能使这种单一的顺序有所变化，比如可以根据某些条件跳过一些语句或对一些重复执行。VB.NET 中基本的控制结构是分支结构和循环结构。在考试系统中，对于考生答题正确错误的判断及分数的判定，都需要用到分支结构。

分支结构实现的手段主要是 If 语句和 Select 语句。

1. If 语句

If 语句是最常用的控制结构之一，根据条件的真 / 假执行不同的语句段。它的语法格式有单行和多行两种。

（1）单行的 If 语句。

```
If 条件表达式 Then [语句段1] [Else [语句段2]]
```

（2）多行的 If 语句。

```
If 条件表达式1 [Then]
    [语句段1]
[ElseIf 条件表达式2 [Then]
    [语句段2]]
[Else
    [语句段3]]
End If
```

使用判断
分支语句

单行格式常用于简单程序的测试中，多行格式相对单行格式，它可以提供更多的结构和灵活性，并且更易于阅读、维护和调试。

接下来使用 If 语句分别对考试系统中的单项选择题和多项选择题进行判断。

建立一个 VB.NET Windows 应用程序，在新建窗体中设置一个考试系统，包含一个单项选择题和一个多项选择题。设计界面如图 3-23 所示。

图 3-23 考试系统程序的运行效果

界面设计好之后，单击"交卷"按钮，在该按钮的事件中添加如下代码。

代码 3-10："交卷"按钮的单击事件

```
Private Sub Button1_Click(ByVal sender As System.Object, ByVal e As
System.EventArgs) Handles Button1.Click
    Dim s As Integer = 0
    If RadioButton1.Checked Then
        s = 50
    End If
    If CheckBox1.Checked And CheckBox2.Checked And CheckBox3.Checked
And Not CheckBox4.Checked Then
        s += 50
    End If
    MessageBox.Show("分数是 " & s)
End Sub
```

编译、运行并测试程序，效果如图 3-24 所示。

2. Select 语句

在程序中编写分支语句时，如果要将同一个表达式与多个不同值进行比较，可以使用 Select…Case 语句替换 If…Then…Else 语句。虽然 If 和 ElseIf 语句可在每个语句中有不同的表达式，但 Select 语句只计算一个表达式一次，然后在每次比较中都使用它，该特点在使用时可以提高程序的运行效率。

Select 语句的语法如下：

图 3-24　测试"交卷"按钮的应用效果

```
Select [Case] 条件表达式
[Case 值的列表
    [语句段1] ]
[Case Else
    [语句段2] ]
End Select
```

在程序运行过程中，Select…Case 语句将条件表达式的值与 Case 语句中的值进行比较，比较时按照这些值在语句中顺序执行。

在考试系统中，可以使用 Select…Case 语句对考生所得分数进行分级，分成 A、B、C、D 级别。在刚才 If…Else 语句示例的基础上，在"交卷"按钮的事件中进一步添加代码，代码中在添加 MessageBox.Show("分数是"& s) 代码之前，添加如下代码。

代码 3-11：分数等级判断

```
Select Case s
    Case 0 To 60
        a = "D"
    Case 61 To 70
        a = "C"
    Case 71 To 80
        a = "B"
    Case Is >= 81
```

```
        a = "A"
End Select
```

将 MessageBox.Show（"分数是" & s）语句改成 MessageBox.Show("分数是" & s & "等级是" & a），并在 Select…Case 语句前添加一行语句：Dim a As String。

编写好之后，编译、运行并测试程序，如图 3-25 所示。

图 3-25　分数等级判断程序的运行效果

3.2.2　使用 VB.NET 过程

过程对执行重复或者共享的任务很有用，可以将过程作为应用程序的生成块，它会把程序分为不连续的逻辑单元，并能在代码的不同位置调用。

过程是包含在声明语句和 End 之间的 VB.NET 语句块。所有的 VB.NET 代码都是在过程内部编写的，之前我们所编写的控件事件其实也是一个过程。

VB.NET 过程有以下几种类型。

（1）Sub 过程：该过程执行操作但并不将值返回给调用代码。控件的事件处理过程是为响应用户操作或程序中事件触发的事件而执行。

（2）Function 过程：该过程将值返回给调用代码。

（3）Property 过程：返回和分配对象或模块上的属性值。

应用程序就是由过程来组成的，每行代码都处在某个过程内部。过程可以增强程序的可读性以及健壮性，为程序的后期维护和扩展功能提供了便利。

Sub 过程是包含在 Sub 语句和 End Sub 语句中的一系列 VB.NET 语句。每次调用该过程时都执行过程中的语句，从 Sub 语句后的第一个可执行语句开始，直到遇到第一个 End Sub、Exit Sub 或 Return 语句结束。Sub 过程执行操作但无返回值，它能够带参数。

Sub 过程按照生成方法的不同分为通过过程和事件过程两类，它们的区别在于：通过过程是由程序员自行创建的，而事件过程是由 VB.NET 根据用户的输入而自动创建的。两类过程的相同点是：它们都是为了处理一定的操作或事件而设计或引发的，语法格式是类似的。

Windows 窗体的事件是可以通过代码相应地进行"处理"。事件可由用户操作（如单击鼠标或按某个键）、程序代码或系统生成。每个窗体的控件都有一组预定义事件，程序员可以根据这些事件进行编程，在发生这个事件时调用该代码。对象引发的事件类型会发生变化，但对于大多数控件，很多类型是通用的。例如，大多数对象都处理 Click 事件，即如果用户单击窗体，将执行该窗体的 Click 事件处理程序中的代码。同时，许多事件都与其他事件同时发生，例如，当发生单击鼠标事件 Click 时，还会发生 MouseDown 和 MouseUp 等事件。

事件处理程序是绑定到事件的方法，当引发事件时，执行事件处理程序内的代码。每个事件处理程序提供两个参数。下面是一个 Button 控件的 Click 事件的处理程序。

代码 3-12：Button 控件的 Click 事件

```
Private Sub button1_click(Byval sender As System.Object, Byval e As
System.EventArgs)Handles Button1.Click
...' 事件代码
End SUB
```

该事件的第一个参数 Sender 提供对引发事件的对象引用。第二个参数 e 传递要处理的事件对象。通过引用对象的属性（有时引用其方法）可获得一些信息，比如鼠标事件中鼠标光标的位置和拖放事件中传输的数据。通常每个事件都会为第二个参数产生一个具有不同事件对象类型的事件处理程序。一些事件处理程序，如 MouseDown 和 MouseUp 事件的处理程序，对于其第二个参数具有相同的对象类型。对于这些类型的事件，可使用相同的事件处理程序处理这两个事件。也可以使用相同的事件处理程序处理不同的同类型的事件，例如，如果窗体上有一组 RadioButton 控件，就可以为 Click 事件创建单个事件处理程序，而使每个控件的 Click 事件都绑定到这个事件处理程序上。

在 Windows 窗体设计过程中，双击设计视图中窗体或控件，可以为该项的默认操作创建事件处理程序。即在 Windows 窗体设计器上双击，为其创建处理程序的项，然后打开代码编辑器，将光标置于新建默认事件处理程序中，此时可以将适当的代码添加到该事件的处理程序中。

在本项目前面示例的简单考试系统中，双击"交卷"按钮就进入了该控件的单击事件中，添加的代码也就是用于响应该控件的单击事件的过程。通过代码 3-13 可以实现对考试系统控件状态的读取和考试分数的判断。

代码 3-13：控件状态读取和考试分数判断

```
Private Sub Button1_Click(ByVal sender As System.Object, ByVal e As
System.EventArgs) Handles Button1.Click
    Dim s As Integer = 0
    Dim a As String
    If RadioButton1.Checked Then
        s = 50
    End If
    If CheckBox1.Checked And CheckBox2.Checked And CheckBox3.Checked
And Not CheckBox4.Checked Then
        s += 50
    End If
    Select Case s
        Case 0 To 60
            a = "D"
        Case 60 To 70
            a = "C"
        Case 70 To 80
            a = "B"
        Case Is >= 80
            a = "A"
    End Select
    MessageBox.Show(" 分数是 " & s & " 等级是 " & a)
End Sub
```

Function 过程是包含在 Function 语句和 End Function 语句之间的一段 VB.NET 语句。每次调用 Function 过程时都执行过程中的语句，从 Function 语句后的第一个可执行语句开始，遇到第一个 End Function、Exit Function 或 Return 语句结束。Function 过程和 Sub 过程相似，两者的区别在于 Function 过程还想调用该过程的语句返回值，而 Sub 过程是没有返回值的。声明 Function 过程的语法如下：

```
[可访问性] Funtion 函数名 [（参数名）] As 数据类型
...      '函数过程的代码
End Function
```

Function 过程的语法部分以及声明参数的方法与 Sub 过程相同。唯一的区别是 Function 过程具有数据类型，由 Function 语句中的 As 子句指定，并且它确定返回值的类型。过程发送回调用程序的值称为它的"返回值"。函数返回值的方法有两种：一种是在过程中的一个或多个语句中给自己的函数名赋值。直到执行了 Exit Function 或 End Function 语句，控制才返回给调用程序。另一种是使用 Return 语句指定返回值，并立即将控制返回给调用程序。

Property 过程是操作模块、类或结构上的 Custom Property 的一系列的 VB.NET 语句。Property 过程也称为"属性访问器"。

任务 3.3 菜单及其他窗体界面设计

3.3.1 创建窗体程序的菜单

菜单可以使用户的操作更加便捷，考试系统的设计中也采用了菜单，可以方便考生的操作。菜单按使用形式可分为下拉式菜单和弹出式菜单两种。下拉式菜单系统的组成结构如图 3-26 所示，其中有文字的菜单名称为菜单项，菜单项有些是变灰显示。

创建窗体
程序的
菜单

图 3-26 菜单的设计界面

1. 菜单常用的属性

（1）Text 属性：应用程序菜单上出现的字符，即标题。注意，菜单的热键是在标题的某个字符前加 &。例如，若要将 File 中的 F 作为热键，则菜单项的标题为 &File。

（2）Name 属性：定义菜单项的控制名。注意，分隔符也应有名称。

（3）Shortcut 属性：按下快捷键可直接使用菜单命令，菜单名没有快捷键。

（4）Checked 属性：复选检查框，可在菜单项左边加上标记 ""。

（5）Enabled 属性：有效检查框，用于控制菜单项是否可被操作。

（6）Visible 属性：可见检查，决定菜单项是否可见。

（7）MdiList 属性：指示是否在关联窗体内显示多文档界面子窗口列表来填充菜单项。若要在该菜单项中显示多文档界面子窗口列表，则其值为 True。

2. 添加菜单

下面介绍菜单涉及的两个控件：MenuStrip 控件和 ContextMenuStrip 控件。并通过具体实例来介绍通过设计器向窗体添加菜单的一般步骤。

（1）启动 Visual Studio 2022，建立一个 Visual Basic Windows 应用程序。

（2）在界面中拖入一个 MenuStrip 控件，如图 3-27 所示。

图 3-27　添加 MenuStrip 控件

（3）单击窗体中的 MenuStrip 控件，单击"请在此处键入"标记，输入菜单名称，如文件、新建等。设计好的菜单如图 3-28 所示。

弹出式菜单在应用程序内使用，使用户可通过右击访问常用的命令。ContextMenuStrip 控件可以让用户访问常用菜单命令。通常，弹出式菜单与控件相关联，目的是使其菜单更符合用户的具体要求（如"撤销""剪切""复制""粘贴""删除"和"全选"等菜单命令）。弹出式菜单 ContextMenuStrip 控件用于为用户提供一个易于访问的菜单，该菜单包含与选定对象关联的常用命令。弹出式菜单常常是在应用程序其他位置出现的主菜单项的子集，一般可通过右击获得上下文菜单。在 Windows 窗体中这些菜单与其他控件关联。

图 3-28　菜单效果

新建一个 VB.NET Windows 应用程序，在"工具箱"中双击 ContextMenuStrip，将会有一个弹出式菜单被添加到窗体中，如图 3-29 所示。

图 3-29　菜单设计界面

设置该控件的 ContextMenu 属性，可以将弹出式菜单与该窗体或该窗体上的控件相关联。

单击设计窗体中的 ContextMenuStrip 控件，显示文本"请在此处键入"。单击显示的文本，然后输入所需菜单项的名称以添加它。若要添加另一个菜单项，单击"菜单设计器"内的另外一个"请在此处键入"区域。单击当前菜单项右侧的区域，以添加子菜单项，如图 3-30 所示。

创建一个 VB.NET Windows 应用程序，在窗体中拖入一个 ContextMenuStrip 控件，设计菜单项并设置该 ContextMenuStrip 控件的 name 属性为"背景色"，如图 3-31 所示。

图 3-30　子菜单设计

设置窗体 Form1 的 ContextMenuStrip 属性为"背景色"。分别双击"红色""绿色"和"蓝色"菜单项，添加代码如下。

代码 3-14：菜单项的单击事件

```
Private Sub 红色ToolStripMenuItem_Click(sender As Object, e As EventArgs)
Handles 红色ToolStripMenuItem.Click
    Me.BackColor = Color.Red
End Sub

Private Sub 绿色ToolStripMenuItem_Click(sender As Object, e As EventArgs)
Handles 绿色ToolStripMenuItem.Click
    Me.BackColor = Color.Green
End Sub

Private Sub 蓝色ToolStripMenuItem_Click(sender As Object, e As EventArgs)
Handles 蓝色ToolStripMenuItem.Click
    Me.BackColor = Color.Blue
End Sub
```

编译、运行该程序，在窗体上右击并选择对应的命令，如图 3-32 所示。

图 3-31　设计背景色菜单

图 3-32　菜单程序运行效果

3.3.2　创建进度条、跟踪条、工具提示

在设计 Windows 应用程序时，为了便于用户了解程序的运行进度，比如 IE 浏览器中有网页的显示进度，可以在设计程序时使用进度条控件 ProgressBar 来实现。另外，在设计播放器时，播放进度的显示和控制可以使用跟踪条控件 TrackBar 来实现。工具提示的作用是当鼠标光标放到控件上时，给用户显示该控件的提示。

控件 ProgressBar 和控件 TrackBar 共同的常用属性如下。

（1）Maximum 属性：控件变化范围的最大值。

（2）Minimum 属性：控件变化范围的最小值。

（3）Step 属性：每次变化的步长。

（4）Value 属性：当前位置。

新建一个 VB.NET Windows 应用程序，在新建的窗体中拖入进度条控件 ProgressBar，再拖入一个跟踪条控件 TrackBar。最后拖入一个工具提示控件 ToolTip，它是不可见的，出现在窗体的下方。设计界面如图 3-33 所示。

当放入一个 ToolTip 控件之后，窗体的其余控件（也包括窗体本身）的"杂项"属性中会多出一项"ToolTip1 上的 ToolTip"，如图 3-34 所示。

图 3-33　进度条等控件的设计界面

图 3-34　进度条控件的属性设置

可以在该属性中输入提示文字，即当光标指向该控件时，就会显示出该控件的提示文字。最后单击进度条控件 TrackBar，在 TrackBar1_Scroll 事件中添加如下代码：

```
ProgressBar1.Value = TrackBar1.Value * ProgressBar1.Maximum /
TrackBar1.Maximum
```

该代码将使进度条和跟踪条保持同步。编译、运行该程序，效果如图 3-35 所示。

图 3-35　进度条等控件的程序运行效果

任务 3.4 设计简单考试系统

3.4.1 设计简单考试系统的总体结构和功能

设计简单
考试系统

考试系统的总体功能和程序运行流程如图 3-36 所示。

本项目制作的简单考试系统主要功能为：首先生成考试试题，考试试题以客观题目为主，题目类型包括"单项选择题""多项选择题""判断题"和"填空题"。生成考试试题后，考生答题。考生根据题目的情况，对选择题，采用"单选"和"多选"的不同方式进行答题；对填空题，采用输入答案填空的方式进行答题。考生答题之后，单击"交卷"按钮，进行交卷，交卷之后由考试系统进行自动判分，并计算出分数，最后显示出考生所得分数。

在设计该考试系统时，将充分利用本项目中所介绍的各种控件，以制作出功能完善、使用方便的考试系统。

图 3-36 简单考试系统的程序运行流程

3.4.2 设计简单考试系统的界面

接下来我们来设计简单考试系统的界面。首先建立一个 VB.NET Windows 应用程序，在窗体中依次拖入几个标签控件 Label，用来显示"简单考试系统""一、单项选择题"等提示信息。

设计单项选择题的界面：拖入 1 个 GroupBox 控件，设置该控件的 Text 属性为空；在该控件上拖入 1 个 Label 控件，用于显示一个单项选择题的题目；然后拖入 4 个 RadioButton 控件，分别作为该单项选择题的 4 个单选选项，如图 3-37 所示。

图 3-37 简单考试系统的界面设计界面

按照这个顺序，依次来设计其他的单项选择题。

设计多项选择题的界面：拖入 1 个 GroupBox 控件，设置该控件的 Text 属性为空；在该控件上拖入 1 个 Label 控件，用于显示 1 个多项选择题的题目；然后拖入 4 个 CheckBox 控件，分别作为该多项选择题的 4 个多项选项，如图 3-38 所示。

图 3-38　多选题 3

设计判断题的界面：拖入 1 个 GroupBox 控件，设置该控件的 Text 属性为空；在该控件上拖入 1 个 Label 控件，用于显示 1 个判断题的题目；然后拖入 2 个 RadioButton 控件，分别用于显示"对"和"错"选项，如图 3-39 所示。

图 3-39　判断题

设计填空题的界面如图 3-40 所示。

图 3-40　填空题

在底部设计一个"交卷"的提交按钮，如图 3-41 所示。

图 3-41　按钮

这样，就完成了考试系统的界面设计。

3.4.3　编写简单考试系统的功能代码

在设计完考试系统的界面之后，接下来编写考试系统的代码，以实现考试系统的功能。本考试系统的核心功能是对考生所选的答案进行判断，并给出分数。所以，编程的重点也在于对考试系统中各种控件状态的判断。

双击"交卷"按钮，进入考试系统的编程界面，在该按钮的单击事件中添加如下代码。

代码 3-15："交卷"按钮的单击事件

```
Private Sub Button1_Click(ByVal sender As System.Object, ByVal e As System.EventArgs) Handles Button1.Click
    Dim a As String
    Dim s As Integer
    If RadioButton1.Checked Then
        s += 16
    End If
    If RadioButton7.Checked Then
        s += 16
    End If
    If CheckBox1.Checked And CheckBox2.Checked And Not CheckBox3.Checked And CheckBox4.Checked Then
        s += 16
    End If
    If CheckBox5.Checked And CheckBox6.Checked And CheckBox7.Checked And CheckBox8.Checked Then
        s += 16
    End If
    If RadioButton9.Checked Then
        s += 16
    End If
    If TextBox1.Text = "groupbox" Then
        s += 10
    End If
    If TextBox2.Text = "nodes" Then
        s += 10
    End If
    Select Case s
        Case 0 To 60
            a = "D"
        Case 60 To 70
            a = "C"
        Case 70 To 80
            a = "B"
        Case Is >= 80
            a = "A"
    End Select
    MessageBox.Show("分数是 " & s & "等级是 " & a)
End Sub
```

3.4.4　编译、运行并测试程序

编译、运行该考试系统并测试，效果如图 3-42 所示。

图 3-42 简单考试系统程序运行效果

项 目 小 结

本项目介绍了常用控件的事件和属性，包括 RadioButton 控件、GroupBox 控件、CheckBox 控件、日期控件、滚动条控件等。介绍了 VB.NET 基本语句的编写方法，包括判断分支语句和 VB.NET。还介绍了菜单及其他窗体界面的设计方法。又介绍了进度条、跟踪条、工具提示等控件的使用方法。最后通过简单考试系统的设计，介绍了常用控件在编程中的使用方法。

项 目 拓 展

在此项目的基础上，进一步完善考试系统的功能。要求：增添考试系统出题和显示题目模块，实现可以由用户自己出题，以及自动创建考试界面等功能。可以参考本书项目 5 至项目 8 中数据库操作部分的实现方法。

项目 4
制作文件管理器

文件管理器是 Windows 应用程序常见的功能模块之一。常见的文件管理包括文件的保存、文件的访问（打开），以及根据不同的使用要求会涉及文件的创建、移动和删除。本项目设计制作一个文件管理器，实现常见的文件操作，包括驱动器操作，目录和文件的创建及移动等操作，另外文件读写部分主要涉及文件的读写和存盘操作，通过文件流来实现。对于节约时间、提高工作效率、节约资源，文件管理器会起到很好的作用。

知识目标：

（1）了解 VB.NET 文件管理的实现方式；

（2）了解 VB.NET 文件管理内置对象的特点；

（3）了解 VB.NET 文件对话框控件的特点；

（4）了解 VB.NET 字体对话框控件的特点。

能力目标：

（1）掌握 VB.NET 常见文件操作的实现方法；

（2）掌握 VB.NET 创建文件的编程方法；

（3）掌握 VB.NET 读写文件的编程方法；

（4）掌握 VB.NET 打开文件及保存文件的编程方法；

（5）掌握 VB.NET 实现字体设置的编程方法。

课程思政目标：

（1）引导学生遵守网络道德准则，不断提高个人修养和思想道德水平；

（2）引导学生树立实事求是、严肃认真，一丝不苟的学习和工作态度；

（3）引导学生树立正确的技能观，积极推广服务于人民和社会的项目。

简单文件
管理器的
设计与
实现

任务 4.1 简单文件管理器的设计与实现

本任务设计制作一个简单的文件浏览器，选择计算机的一个硬盘分区，显示选定硬盘分区中的目录和文件（包括路径形式），双击目录，显示该目录下的目录和文件，并做数量统计。

1. 要求和目的

1）要求

设计一个如图 4-1 所示的文件管理系统，使用下拉菜单选择硬盘分区。选择好硬盘分区之后，在第一个 ListBox 控件中显示目录中的子目录，在第二个 ListBox 控件中显示目录中的文件。

图 4-1　文件管理器程序运行界面

2）目的

（1）掌握 ListBox 控件的使用方法。

（2）掌握 Directory 类的使用方法。

（3）掌握文件操作的基本方法。

2. 设计步骤

第一步：界面设计。

启动 Visual Studio 2022 编程环境，选择"文件"菜单，新建项目，在项目中选择创建 Visual Basic 项目，程序类型为 Windows 应用程序，创建解决方案名称为 4-1-1。

首先修改 Form 窗体的 Name 属性为 DirFileForm。在窗体中拖入 1 个下拉菜单控件 ComboBox，将其 DropDownStyle 属性设置为 DropDownList，使程序运行时不能在列表中输入内容，只能通过选择下拉选项来选择硬盘分区；在窗体中拖入 2 个 Label 文本框控件，分别用于显示目录里的目录和文件的数量；在窗体中拖入 2 个 ListBox 控件，显示目录里的子目录和文件。

设置窗体及拖入的控件的主要属性如表 4-1 所示。

表 4-1　窗体及拖入的控件属性设置

控　件	属　性	属　性　值	说　明
DirFileForm(Form)	Name	DirFileForm	窗体名称
	Text	DirFileForm	窗体标题
ComboBox	Name	ComboBox1	下拉菜单
	DropDownStyle	DropDownList	下拉样式
Label1	Name	Label1	显示子目录数量
	Text	空	
Label2	Name	Label2	显示文件数量
	Text	空	
ListBox1	Name	ListBox1	显示子目录
ListBox2	Name	ListBox2	显示文件

设计出的界面如图 4-2 所示。

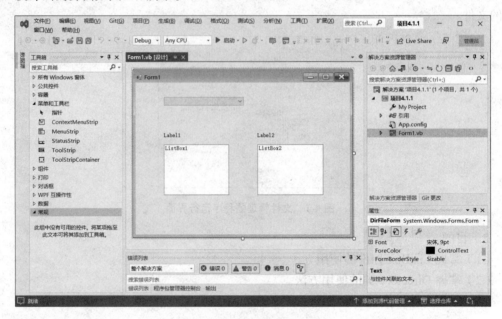

图 4-2　文件管理器界面效果

第二步：编写代码。

在编写该项目程序时，首先需要调用文件操作相关的命名空间，使用如下代码：

```
Imports System.IO
```

其中的存储硬盘分区的数组 Logicaldir( ) 等变量会在几个事件中用到，所以需要将此类型变量定义成全局变量，首先添加如下代码。

代码 4-1：定义全局变量

```
Dim DirI As Integer
Public logicaldir () As String
Dim FileName() As String
Dim DirName() As String
```

其中，logicaldri( ) 方法是存储计算机中的硬盘分区的数组，FileName( ) 方法是存储硬盘分区名称或目录中文件的数组，DirName( ) 是存储硬盘分区名称或目录中目录的数组。由于硬盘分区、目录和文件都是以路径的形式存放的，所以这些数组都定义成 String 类型。

在窗体的 Form_Load 事件中添加代码，将计算机中的所有硬盘分区都加入 ComboBox 控件中，具体代码如下。

代码 4-2：Form_Load 事件

```
Private Sub DirFileForm_Load (ByVal sender As System.Object, ByVal e As
System.EventArgs) Handles Me.Load
    logicaldir = Directory.GetLogicalDrives()
    For DirI = 0 To logicaldir.Length - 1
        ComboBox1.Items.Add(logicaldir(DirI))
    Next
End Sub
```

　　在这段代码中，logicaldir = Directory.GetLogicalDrives( ) 表示使用 Directory 对象的 GetLogicalDrives( ) 方法返回系统中所有硬盘的分区，并存入数组 logicaldir 中。再使用 For 循环遍历所有的硬盘分区，将所有硬盘分区名称添加到 ComboBox1 下拉菜单选项中。

　　该段代码运行效果如图 4-3 所示。

图 4-3　代码运行效果

　　接下来，当选择下拉菜单选项时，我们希望所选硬盘分区中的目录显示在第一个 ListBox 控件中，所有文件显示在 ListBox2 控件中，并统计目录和文件的数量，分别显示在 2 个 Label 控件上。

　　双击 ComboBox 控件，进入该控件的 SelectedIndexChanged 事件，编写如下代码。

代码 4-3：ComboBox 控件的 SelectedIndexChanged 事件

```
Private Sub ComboBox1_SelectedIndexChanged(ByVal sender As System.Object,
ByVal e As System.EventArgs) Handles ComboBox1.SelectedIndexChanged
    ListBox1.Items.Clear()
    ListBox2.Items.Clear()
    Dim i As Integer
    DirName = Directory.GetDirectories(ComboBox1.Text)
    FileName = Directory.GetFiles(ComboBox1.Text)
    For Each DirName(i) In DirName
        ListBox1.Items.Add(DirName(i))
    Next
    For Each FileName(i) In FileName
        ListBox2.Items.Add(FileName(i))
    Next
If (CStr(ListBox1.Items.Count()) > 0 And CStr(ListBox2.Items.Count())) > 0
Then
Label1.Text = ComboBox1.Text + " 盘有 " + CStr(ListBox1.Items.Count()) +
"个目录 "
Label2.Text = ComboBox1.Text + " 盘有 " + CStr(ListBox2.Items.Count()) +
"个文件 "
ElseIf CStr(ListBox1.Items.Count()) = 0 And CStr(ListBox2.Items.Count()) >
0 Then
```

```
        Label1.Text = ComboBox1.Text + "盘无目录"
        Label2.Text = ComboBox1.Text + "盘有" + CStr(ListBox2.Items.Count()) +
"个文件"
        ElseIf CStr(ListBox1.Items.Count()) > 0 And CStr(ListBox2.Items.Count()) =
0 Then
        Label1.Text = ComboBox1.Text + "盘有" + CStr(ListBox1.Items.Count()) +
"个目录"
        Label2.Text = ComboBox1.Text + "盘无文件"
        ElseIf CStr(ListBox1.Items.Count()) = 0 And CStr(ListBox2.Items.Count()) =
0 Then
        Label1.Text = ComboBox1.Text + "盘无目录"
        Label2.Text = ComboBox1.Text + "盘无文件"
        End If
    End Sub
```

在 这 段 代 码 中，ListBox1.Items.Clear( ) 和 ListBox2.Items.Clear( ) 是 当触发该事件时，先将 2 个 ListBox 控件清空。DirName = Directory.GetDirectories(ComboBox1.Text) 是调用目录对象的 GetDirectories( ) 方法获取目录并存放在 DirName 中，FileName=Directory.GetFiles(ComboBox1.Text) 是调用目录对象的 GetFiles( ) 方法取得文件并存放在 FileName 中。

添加此段代码之后，程序运行效果如图 4-4 所示。

图 4-4　添加代码后程序的运行效果

双击 ListBox1 控件，添加列表框中对应目录里的目录到该列表框中，添加文件到 ListBox2 列表框中，代码如下。

代码 4-4：ListBox1 控件的 SelectedIndexChanged 事件

```
Private Sub ListBox1_SelectedIndexChanged(ByVal sender As System.Object,
ByVal e As System.EventArgs) Handles ListBox1.SelectedIndexChanged
    Dim i As Integer
    DirName = Directory.GetDirectories(ListBox1.SelectedItem)
    FileName = Directory.GetFiles(ListBox1.SelectedItem)
    ListBox1.Items.Clear()
    ListBox2.Items.Clear()
    For Each DirName(i) In DirName
        ListBox1.Items.Add(DirName(i))
    Next
    For Each FileName(i) In FileName
        ListBox2.Items.Add(FileName(i))
    Next
If CStr(ListBox1.Items.Count()) > 0 And CStr(ListBox2.Items.Count()) >
0 Then
        Label1.Text = "该目录内有" + CStr(ListBox1.Items.Count()) + "个目录"
        Label2.Text = "该目录有" + CStr(ListBox2.Items.Count()) + "个文件"
```

```
ElseIf CStr(ListBox1.Items.Count()) = 0 And CStr(ListBox2.Items.
Count()) > 0 Then
    Label1.Text = ComboBox1.Text + "盘无目录"
    Label2.Text = ComboBox1.Text + "盘内有" + CStr(ListBox2.Items.Count()) +
    "个文件"
ElseIf CStr(ListBox1.Items.Count()) > 0 And CStr(ListBox2.Items.
Count()) = 0 Then
    Label1.Text = ComboBox1.Text + "盘有" + CStr(ListBox1.Items.Count()) +
    "个目录"
    Label2.Text = ComboBox1.Text + "盘无文件"
ElseIf CStr(ListBox1.Items.Count()) = 0 And CStr(ListBox2.Items.
Count()) = 0 Then
    Label1.Text = ComboBox1.Text + "盘无目录"
    Label2.Text = ComboBox1.Text + "盘无文件"
End If
End Sub
```

这段代码是当选择 ListBox1 控件项变化时触发。该段代码运行时，统计对应目录下的目录数量以及文件数量。添加该段代码的效果如图 4-5 所示。

3. 相关知识点

Directory 类主要是执行对文件夹的操作，包括文件夹的创建、移动、删除和获得子目录等。Directory 类的常用方法如下。

CreateDirectory( ) 方法：创建目录对象。该方法创建一个指定路径的目录，返回一个 System.

图 4-5 继续添加代码后程序的运行效果

IO.DirectoryInfo 类型的数据，格式为 Directory.CreateDirectory(path As String)。其中 String 类型的参数 Path 指定路径。例如，在 F 盘创建一个名称为 A 的目录，也可以创建多级，代码为 Directory.CreatDirectory("F:\A")。

Delete( ) 方法：删除目录。该方法删除指定的目录，无返回值，格式为 Directory.Delete(path As String)。目录为空则不能删除，要删除目录需要删除该目录下的所有子目录，格式为 Directory.Delete(path As String,rescursive As Boolean)。例如，要删除 F 盘中的目录 A，代码为 Directory.Delete("F:\A")。

Exists( ) 方法：判断目录是否存在，返回 Boolean 类型值。格式为 Directory.Exists(path As String)。其中参数 path 指定相对或绝对路径，相对路径即相对于当前工作目录的路径。path 参数不区分大小写，用如下代码来判断路径 F:\A 是否存在。

```
If Directory.Exists("F:\A")
    MessageBox.Show("目录A存在")
Else
    MessageBox.Show("目录A不存在")
End If
```

GetDirectory( ) 方法：列举目录中的子目录，返回 String 类型的一维数组，格式为

Directory.GetDirectories(path As String)，其中 path 为指定的目录。如下代码用于返回 F 盘中所有的子目录。

```
Dim I As Integer
Dim Dirs() As String= Directroy.GetDirectories("F:\ ")
For Each Dir(i) In Dirs
MessageBox.Show(Dirs(i))
Next
```

还可以查找带有特定字符的目录，格式如下：

```
Directory.GetDirectories(path As String,SearchPattern As String)
```

其中第二个参数 SearchPattern 中允许使用通配说明符，"*" 表示零个或多个字符，"？" 表示一个字符。通配说明符以外的字符表示自己，例如，字符串 "*t" 搜索路径中所有以字母 t 结尾的名称，字符串 "s*" 搜索路径中所有以字母 s 开头的名称。如下代码用于返回 F 盘中所有以 a 结尾的目录。

```
Dim i As Integer
Dim Dirs() As String =Directory.GetDirectories("F:\ ","*a")
For Each Dirs(i) In Dirs
    MessageBox.Show(Dirs(i))
Next
```

GetDirectoryRoot( ) 方法：该方法返回包含指定路径的卷信息、根信息或同时包含这两者信息，格式为 Directory.GetDirectoryRoot(path As String)，其中参数 path 为文件或目录的路径。如下代码用于返回 F 盘这个卷的信息。

```
Dim rootdir As String = Directory.GetDirectoryRoot("F:\A\B")
MessageBox.Show(rootdir)
```

GetFile( ) 方法：该方法获取目录中的文件，返回 String 类型的一维数组，格式为 Directory.GetFiles(path As String)。可以返回指定目录中与指定搜索模式匹配文件的名称。格式为 Directory.GetFiles(path As String,searchPattern As String)，其中参数 searchPattern 允许使用通配说明符。

GetLogicalDriver( ) 方法：该方法获得当前路径所在的逻辑驱动器，格式为 Directory. GetLogicalDrives( )。如下代码用于返回计算机中所有的盘符。

```
Dim logicaldir() As String
Dim I As Integer
Logicaldir=Directory.GetLogicalDrives()
For Each logicaldir(i) In logicaldir
    MessageBox.Show(logicaldir(i))
Next
```

GetParent( ) 方法：该方法获得当前目录的父目录，格式为 Directory. GetParent( )。如下代码用于获得当前目录的父目录并显示。

```
Dim parentdir As IO.DirectoryInfo
Parentdir=Directory.GetParent("F:\A")
MessageBox.Show(" 父目录为 "&parentdir.ToString)
```

Move( )方法：该方法移动指定的目录。格式为 Directory.Move(sourceDirName As String, destDirname As String)，其中第一个参数为源目录，第二个参数为目的目录，无返回值。例如，将 F 盘 A 文件夹移动到 F 盘的 B 文件夹中，代码如下：

```
Directory.Move("F:\A", "F:\B")
```

任务 4.2　设计文件管理器

本任务设计一个资源管理器，用于显示计算机硬盘中的文件夹及文件，并实现文件的创建、移动和删除等功能。

1. 要求和目的

1）要求

设计一个文件管理器，具有"新建""打开""保存""移动""删除"功能。其中包括一个文本框用于显示打开文件的内容，如图 4-6 所示。

2）目的

掌握创建、移动及删除文件的方法。

2. 制作步骤

第一步：界面设计。

打开 Visual Studio 2022 编程环境，创建一个 Visual Basic Windows 应用程序，首先修改窗体的名称为 FileForm。

图 4-6　文件管理器程序运行效果

在窗体中拖入 1 个多行文本框控件 RichTextBox，用于显示打开的文件内容；拖入 5 个 Button 控件，分别将它们的 Text 属性改为"新建""打开""保存""移动"和"删除"；再拖入 1 个 GroupBox 控件，将 5 个按钮全部包含在其中；拖入 1 个打开文件对话框控件、1 个保存文件对话框控件和 1 个文件夹浏览对话框控件，这 3 个控件都属于不可见控件。设置刚才拖入控件的属性，如表 4-2 所示。

表 4-2　文件管理器控件属性设置

控　件	属　性	属　性　值	备　注
FileForm	Name	FileForm	窗体名称
	Text	FileForm	窗体标题
RichTextBox1	Name	RichTextBox1	文本框名称
Button1（2、3、…）	Name	Button1（2、3、…）	
	Text	"新建""打开"等	
OpenFileDialog1	Name	OpenFileDialog	打开文件对话框
SaveFileDialog1	Name	SaveFileDialog1	保存文件对话框
FolderBrowserDialog1	Name	FolderBrowserDialog1	文件夹浏览对话框

界面设计后的效果如图 4-7 所示。

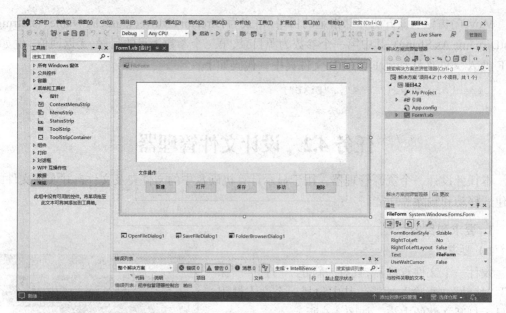

图 4-7　文件管理器界面设计效果

第二步：编写代码。

先定义全局变量。

```
Dim filename As String
Dim path As String
Dim all As String
Dim i As Integer
```

其中，path 用于创建文件的路径，不包括文件名；filename 表示创建的文件名；all 表示 path 和 filename 的组合，也就是文件的完整路径；i 作为计数器，在循环中控制操作数组。

双击"新建"按钮，进入该按钮的单击事件，编写代码如下。

代码 4-5："新建"按钮的单击事件

```
Private Sub Button1_Click(ByVal sender As System.Object, ByVal e As
System.EventArgs) Handles Button1.Click
    Try
        FolderBrowserDialog1.ShowDialog()
        path = FolderBrowserDialog1.SelectedPath
        filename = InputBox(" 文件名 ")
        If File.Exists(path & "\" & filename) Then
            MessageBox.Show(" 该文件已经存在 ")
        Else
            File.Create(path & "\" & filename) 'MessageBox.Show(filename)
        End If
    Catch ex As Exception
    End Try
End Sub
```

其中，FolderBrowserDialog1.ShowDialog() 的作用是弹出文件夹浏览器对话框，选择一个需要创建文件的目录，将选择的目录保存在 path 变量中。利用 filename = InputBo（"文件名")输入想要创建的文件夹的名称。If File.Exists(path & "\" & filename) 用于判断该文件是否存在，如果已存在，给出提示，否则创建文件。

双击"打开"按钮，进入该按钮的单击事件，编写代码如下。

代码 4-6："打开"按钮的单击事件

```
Private Sub Button2_Click(ByVal sender As System.Object, ByVal e As
System.EventArgs) Handles Button2.Click
    '打开文件
    Try
        RichTextBox1.Text = ""
        OpenFileDialog1.Filter = "所有文件 (*.*)|*.*| 文本文件 (*.txt)|*.txt"
        OpenFileDialog1.ShowDialog()
        all = OpenFileDialog1.FileName
        Dim txt() As String
        If all = Nothing Then
            MessageBox.Show(" 文件名不能为空 ")
        Else
            txt = File.ReadAllLines(all)
            For Each txt(i) In txt
                RichTextBox1.Text = RichTextBox1.Text + txt(i)
            Next
        End If
    Catch ex As Exception
    End Try
End Sub
```

其中，OpenFileDialog1.Filter = " 所有文件 (*.*)|*.*| 文本文件 (*.txt)|*.txt" 用于设置文件对话框的过滤，即设置能打开所有文件和文本文件。all = OpenFileDialog1.FileName 用于获取文件打开对话框打开的文件。If all = Nothing 判断打开的文件是否为空，如果为空，则给出提示，否则将打开文件并显示在 RichTextBox 控件中。

双击"保存"按钮，进入该按钮的单击事件，编写代码如下。

代码 4-7："保存"按钮的单击事件

```
Private Sub Button3_Click(ByVal sender As System.Object, ByVal e As
System.EventArgs) Handles Button3.Click
    '保存文件
    SaveFileDialog1.ShowDialog()
    all = SaveFileDialog1.FileName
    If all = Nothing Then
        MessageBox.Show(" 文件名不能为空 ")
    Else
        File.WriteAllText(all, RichTextBox1.Text)
    End If
End Sub
```

其中，If all = Nothing 用于判断 all 变量保存的路径是否为空，如果不为空则在 File.WriteAllText(all, RichTextBox1.Text) 中调用 File 类的 WriteAllText( ) 方法，将文本框中的信息写入指定文件中。

双击"移动"按钮，进入该按钮的单击事件，编写代码如下。

代码 4-8："移动"按钮的单击事件

```
Private Sub Button4_Click(ByVal sender As System.Object, ByVal e As
System.EventArgs) Handles Button4.Click
    Try
        Dim destFileName As String = InputBox("移动到哪个文件", "输入文件名")
        If destFileName = Nothing Then
        Else
            If all = Nothing Then
                MessageBox.Show("原始文件没找到")
            Else
                File.Move(all, destFileName)
            End If
        End If
    Catch ex As Exception
    End Try
End Sub
```

其中，Dim destFileName As String = InputBox（"移动到哪个文件"，"输入文件名"）使用局部变量 destFileName 接收输入的要移动的文件名。If all = Nothing 判断是否存在原文件。File.Move(all, destFileName) 调用 Move( ) 方法移动文件。

双击"删除"按钮，进入该按钮的单击事件，编写代码如下。

代码 4-9："删除"按钮的单击事件

```
Private Sub Button5_Click(ByVal sender As System.Object, ByVal e As
System.EventArgs) Handles Button5.Click
    Try
        File.Delete(all)
        MessageBox.Show("文件已经删除")
    Catch ex As Exception
        MessageBox.Show("有错误")
    End Try
End Sub
```

图 4-8　新建文件

其中，File.Delete(all) 调用 Delete( ) 方法删除对应的文件，并判断是否删除成功，不成功则给出错误提示。

编译、运行程序，单击"新建"按钮，效果如图 4-8 所示。

单击"打开"按钮，效果如图 4-9 所示。

选择一个文本文件并打开，文本文件的内容将显示在 RichTextBox 控件中，效果如图 4-10 所示。

单击"保存"按钮，可以把 RichTextBox 控件中的内容保存，输入文件名称，就可以将文件保存起来，效果如图 4-11 所示。

单击"移动"按钮，首先出现一个对话框，要求输入"移动到哪个文件夹"，即输入"目的文件夹"，效果如图 4-12 所示。

图 4-9 打开文件

图 4-10 打开文件效果

图 4-11 另存文件

单击"删除"按钮，可以将刚才保存的文件删除，效果如图 4-13 所示。

图 4-12　输入文件名提示

图 4-13　删除提示

3. 相关知识点

（1）File 类概述。File 类主要执行对文件的操作，包括文件的创建、移动、删除和打开等，也可以用于获取和设置文件属性，或获取和设置有关文件创建、访问及写入操作的 DataTime 信息。所有的 File 类的方法都是静态的，无须创建类的实例。

（2）File 类常用的方法。

① AppendAllText( ) 方法：AppendAllText( ) 方法添加文本到文本文件中。该方法无返回值，添加文本之后关闭文件，文件不存在时自动创建文件。格式如下：

```
File.AppendAllText(path As String, contents As String)
```

或

```
File.AppendAllText(path As String, contents As String, Encoding As
System.Text.Encoding)
```

第二条语句将指定的字符串添加到文件中，如果文件不存在则创建该文件。Encoding 是要使用的字符编码。

例如，用 AppendAllText( ) 方法追加文本 HellooWorld 到 F 盘的 A 目录下的 text.txt 文件中，代码如下：

```
File.AppendAllText("F:\A\Text.txt", "Hello World")
```

② AppendText( ) 方法：该方法创建一个 StreamWriter，将 UTF-8 编码文本追加到现有的文件中。如果 path 指定的文件不存在，则创建该文件；如果该文件存在，则对 StreamWriter 执行写入操作，将文本追加到该文件中。格式如下：

```
File.AppendText(path As String)
```

例如，用 AppendText( ) 方法创建一个 StreamWriter，追加文本到指定的 path 中，代码如下：

```
Dim f As StreamWriter
f=File.AppendText("F:\A\Text.txt")     '返回一个 StreamWriter 类型
```

③ Copy( ) 方法：该方法将现有文件复制到新文件中，无返回值。格式如下：

```
File.Copy(sourceFileName As String, destFileName As String)
```

sourceFileName 是源文件名称，destFileName 是目标文件名称。将现有文件复制到新文件中时，不允许改写同名的文件。

```
File.Copy(sourceFileName As String , destFileName As String , overwrite
As Boolean)
```

overwrite 决定文件是否可以被覆盖。例如，将 text1.txt 复制到 text2.txt 中，代码如下：

```
File.Copy("F:\text1.txt", "F:\text2.txt")
```

④ Create( ) 方法：该方法用来创建文件。格式如下：

```
File.Create(path As String)
File.Create(path As String , bufferSize As Integer)
File.Create(path As String , bufferSize As Integer , options As
FileOptions)
```

最后一条语句创建或改写指定的文件，并指定缓冲区大小和一个描述如何创建或改写该文件的 FileOptions 值，该值用于决定以何种方法创建文件。

提示： CreateText( ) 方法用于创建文本文件，格式与 Create( ) 方法类似。

⑤ Delete( ) 方法：该方法用于删除指定目录的文件。如果指定的文件不存在，也不引发异常。格式如下：

```
File.Delete(path As String)
```

例如，删除 F 盘中的 text2.txt 文件，代码如下：

```
File.Delete("F:\text2.txt")
```

⑥ Exists( ) 方法：该方法判断文件是否存在，返回 Boolean 类型值。如果调用方具有要求的权限并且 path 包含现有文件的名称，则返回 True，否则返回 False。如果 path 为空，则此方法也将返回 False。如果调用方法不具有读取指定文件所需的足够权限，也不引发异常而只返回 False，这与 path 是否存在无关。

允许 path 参数指定相对或绝对路径，相对路径是相对于当前工作目录的路径，格式如下：

```
File.Exists(path As String)
```

例如，判断 F 盘中的文件 text1.txt 是否存在，用对话框来显示，代码如下：

```
MessageBox.Show(File.Exists("F:\text1.txt")) ' 如果该文件存在，则结果会显示 True
```

⑦ Move( ) 方法：该方法移动文件，无返回值。格式如下：

```
File.Move(sourceFileName As String , destFileName As String)
```

例如，移动 text1.txt 文件到 text2.txt 中，text1.txt 将被删除，代码如下：

```
File.Move("F:\text1.txt","F:\text2.txt")
```

⑧ Open( ) 方法：该方法打开一个文件。格式如下：

```
File.Open(path As String , mode As FileMode , access As FileAccess)
```

该格式打开指定路径上的 FileStream，具有指定的访问模式，FileMode 有许多可选值。

```
File.Open(path As String , mode As FileMode , access As FileAccess ,
share As FileShare)
```

该格式以指定的模式和访问权限打开指定路径上的 FileStream。

⑨ OpenRead( )\OpenWrite( ) 方法：打开现有文件。OpenRead( ) 方法打开现有文件以进

行读取，找不到现有文件将引发异常。OpenWrite( ) 方法打开现有文件以进行读写。格式如下：

```
File.OpenRead(path As String)
File.OpenWrite(path As String)
```

例如，打开一个现有文件 text1.txt，代码如下：

```
File.OpenRead("F:\text1.txt")
```

⑩ OpenText( ) 方法：该方法打开现有的 UTF-8 编码文本文件以进行读取。例如，打开一个 txt 文件，代码如下：

```
File.OpenText("F:\text1.txt")
```

⑪ ReadAllBytes( ) 方法：该方法打开一个文件并将文件的内容读入一个字符串中，然后关闭该文件，返回包含文件内容的字节数组。格式如下：

```
File.ReadAllBytes(path As String)
```

⑫ ReadAllLines( ) 方法：该方法打开一个文本文件，将文件的所有行都读入一个字符串数组中，然后关闭该文件。格式如下：

```
File.ReadAllLines(path As String)
```

⑬ ReadAllText( ) 方法：该方法打开一个文本文件，将文件的所有行读入一个字符串中，然后关闭该文件。格式如下：

```
File.ReadAllText(path As String)    '该语句打开一个文本文件，读取文件的所有行，然
                                      后关闭该文件
File.ReadAllText(path As String , encoding As Encoding)
'该语句打开一个文件，使用指定的编码读取文件的所有行，然后关闭文件
```

⑭ WriteAllBytes( ) 方法：该方法创建一个新文件，在其中写入指定的字节数组，然后关闭该文件。如果目标文件已存在，则改写该文件。格式如下：

```
File.WriteAllBytes(path As String , bytes As Byte())
```

⑮ WriteAllLines( ) 方法：该方法创建一个文件，在其中写入指定的字符串，然后关闭文件。如果目标文件已存在，则改写该文件。格式如下：

```
File.WriteAllLines(path As String , String[])
```

例如，创建一个新文件，使用指定的编码在其中写入指定的字符串数组，然后关闭文件。如果目标文件已存在，则改写该文件。代码如下：

```
File.WriteAllLines(path As String , contents As String [] , encoding As
Encoding)
```

⑯ WriteAllText( ) 方法：该方法创建一个新文件，在文件中写入内容，然后关闭文件。如果目标文件已存在，则改写该文件。格式如下：

```
File.WriteAllText(path As String , contents As String , contents As
String , encoding As Encoding)
```

任务 4.3　创建文件读写器

在任务 4.2 中设计制作了一个文件管理器，用于实现对文件的创建、保存、打开、移动和删除等操作。本任务将设计制作一个文件读写器，用于读取文件和写入文件。

1. 要求和目的

1）要求

设计一个应用程序，包含 1 个 RichTextBox 控件和 2 个按钮，其中，S.Read 按钮的作用是打开一个文件浏览窗口，可以选择一个文件，然后打开并显示在 RichTextBox 文本框中。效果如图 4-14 所示。

2）目的

（1）掌握使用 Stream 流的 Read( ) 方法读取文件的方法；

（2）掌握使用 Stream 流的 ReadByte( ) 方法读取文件的方法。

图 4-14　文件读写器程序运行效果

2. 制作步骤

第一步：界面设计。

打开 Visual Studio 2022 编程环境，创建一个 Visual Basic Windows 应用程序，名称为 4-3-1。首先将窗体的名称改为 StreamForm，在窗体中拖入 2 个 Button 控件，分别设置 Text 属性为 S.Read 和 S.ReadByte；再拖入 1 个 RichTextBox 控件。窗体及控件的主要属性如表 4-3 所示。

表 4-3　窗体及控件的属性设置

控　　件	属　　性	属　性　值	备　　注
StreamForm	Name	StreamForm	窗体名称
	Text	StreamForm	窗体标题
RichTextBox1	Name	RichTextBox1	
Button1	Name	Button1	
	Text	S.Read	
Button2	Name	Button2	
	Text	S.ReadByte	

设计界面如图 4-15 所示。

第二步：编写代码。

首先设置全局变量，Stream1 是 Stream 流的全局变量，i 表示计数器，字符串类型 path 用于保存路径。代码如下：

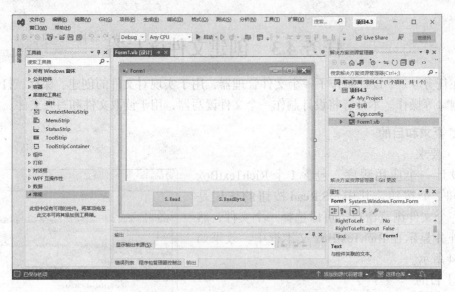

图 4-15　文件读写器设计界面

```
Dim stream1 As IO.Stream
Dim path As String
Dim i As Integer
Dim openfiledialog1 As New OpenFileDialog
Dim savefiledialog1 As New SaveFileDialog
```

双击 S.Read 按钮，进入该按钮的单击事件，将调用 Stream 类的 Read 方法读取磁盘的文件，编写如下代码。

代码 4-10：S.Read 按钮的单击事件

```
Private Sub Button1_Click(ByVal sender As System.Object, ByVal e As
System.EventArgs) Handles Button1.Click
    Try
        RichTextBox1.Text = ""
        openfiledialog1.ShowDialog()
        path = openfiledialog1.FileName
        stream1 = IO.File.OpenRead(path)
        Dim buffer(stream1.Length) As Byte
        stream1.Read(buffer, 0, buffer.Length)
        RichTextBox1.Text = RichTextBox1.Text + System.Text.Encoding.
        Default.GetChars(buffer)
        stream1.Close()
    Catch ex As Exception
        MessageBox.Show("有错误")
    End Try
End Sub
```

这段代码编写之后，编译运行，打开一个 html 文件，文件内容显示在 RichTextBox 控件中。

双击 S.ReadByte 按钮，进入该按钮的单击事件，将调用 Stream 类的 ReadByte 方法读取磁盘文件。编写如下代码。

代码 4-11：S.ReadByte 按钮的单击事件

```
Private Sub Button2_Click(ByVal sender As System.Object, ByVal e As
System.EventArgs) Handles Button2.Click
    Try
        RichTextBox1.Text = ""
        openfiledialog1.ShowDialog()
        path = openfiledialog1.FileName
        stream1 = IO.File.OpenRead(path)
        Dim buffer(stream1.Length) As Byte
        Dim s As Integer
        Dim len As Integer = stream1.Read(buffer, 0, buffer.Length)
        For i = 0 To len - 1
            stream1.Seek(i, IO.SeekOrigin.Begin)
            s = stream1.ReadByte
            buffer(i) = CByte(s)
        Next
          RichTextBox1.Text = RichTextBox1.Text + System.Text.Encoding.
Default.GetChars(buffer)
        stream1.Close()
    Catch ex As Exception
        MessageBox.Show(" 有错误 ")
    End Try
End Sub
```

3. 相关知识点

（1）Stream 类概述。Stream 是所有流的抽象基类，流是字节序列的抽象概念，如文件、输入 / 输出设备、内部进程通信管道或者 TCP/IP 套接字。Stream 类及其派生类提供不同类型的输入和输出的一般视图，使程序员不必了解操作系统和基础设备的具体细节。

（2）Stream 类常用的属性。

- CanRead 属性：该属性获取一个值，该值指示当前流是否支持读取。
- CanSeek 属性：该属性获取一个值，该值指示当前流是否支持查找。
- CanTimeout 属性：该属性获取一个值，该值确定当前流是否可以超时。
- CanWrite 属性：该属性获取一个值，该值指示当前流是否支持写入。
- Length 属性：该属性获取用字节表示的流的长度。
- Position 属性：该属性获取或设置此流的当前位置。
- ReadTimeout 属性：该属性获取或设置一个值，该值确定了在超时前尝试读取多长时间。

（3）Stream 类常用的方法。

Close( ) 方法：该方法关闭当前流并释放与之相关的所有资源（如套接字和文件句柄）。格式如下：

```
Stream1.Close()
```

Read( ) 方法：该方法从文件中读取字节序列。格式如下：

```
Read(array( ) As Byte , offset As Integer , count As Integer) As Integer
```

其中，参数 array 指定数组。此方法返回指定的数组，数组中 offset 和 offset+count–1

之间的值被从当前源中读取的字节替换。参数 offset 表示 array 数组中的字节偏移量，从此处开始读取。

ReadByte( ) 方法：该方法用于从文件当前位置读取一个字节，返回一个 Integer 类型值。格式如下：

```
ReadByte() As Integer
```

Seek( ) 方法：该方法设置当前流中的位置，返回一个 Long 型值。格式如下：

```
Seek(offset As Long , origin As System.IO.SeekOrigin)As Long
```

其中，offset 是相对于 origin 的偏移量，从此处开始查找；origin 使用 SeekOrigin 类型的值；SeekOrigin 是枚举类型，其成员 Begin 指定流的开头。

SetLength( ) 方法：该方法设置流的长度。格式如下：

```
SetLength(len As Length)
```

如果给定值小于流的当前长度，则截断流；如果给定值大于当前流的长度，则扩展流；如果流被扩展，则新旧长度的流之间的内容是未被定义的。

例如，设置 Stream 实例 stream1 的长度为 100，代码如下：

```
Stream1.SetLength(100)
```

Write( ) 方法：该方法用于向文件写入数据。格式如下：

```
Write(Buffer() As Byte , offset As Integer , count As Integer)
```

其中，参数 Buffer 表示要写入的字节数组，offset 表示 Buffer 数组中的字节偏移量，从此处开始读取；参数 count 表示最大字节数。

例如，将数组 mybuffer 中的 0~99 的流写入文件中，代码如下：

```
Stream1.Write(mybuffer , 0 , 100)
```

WriteByte( ) 方法：该方法用于在当前位置写入一个字节。格式如下：

```
WriteByte(Value As Byte)
```

其中，参数 Value 表示要写入的字节变量。

例如，写入数组中的字节，而非整个数组，代码如下：

```
Stream1.WriteByte(mybuffer(i))
```

任务 4.4   使用对话框控件

4.4.1   使用打开文件对话框

1. 要求和目的

1）要求

设计如图 4-16 所示的界面，包含一个多行文本框控件 TextBox 和 2 个按钮。单击"打开"按钮，将打开一个文件浏览对话框，如图 4-17 所示，从中选择一个文本文件，程序将文本文件的内容显示在 TextBox 控件中。单击"清空"按钮，程序将文本框清空。

图 4-16　程序运行效果

图 4-17　打开文件

使用打
开文件
对话框

2）目的

（1）掌握打开文件对话框控件 OpenFileDialog 的使用方法。

（2）掌握读取文本文件的方法。

2. 设计步骤

第一步：界面设计。

打开 Visual Studio 2022 编程环境，创建一个 Visual Basic Windows 应用程序。首先将窗体的名称改为 OpenFileDialog。在窗体中拖入 1 个 OpenFileDialog 控件，该控件是不可见控件，出现在窗体的下边。然后拖入 2 个 Button 控件用于打开文件，设置 1 个 Button 控件的 Text 属性为"打开"；设置另外 1 个 Button 控件的 Text 属性为"清空"，该按钮用于清空文本框的内容，便于再次打开 1 个文本文件。再拖入 1 个 TextBox 控件，设置 TextBox 控件的 Multiline 属性为 True，使该文本框可以显示多行文本。

设置窗体及加入控件的主要属性如表 4-4 所示。

表 4-4　窗体及加入控件的属性设置

控　件	属　性	属　性　值	说　明
OpenFileDialog	Names	OpenFileDialog	窗体名称
	Text	OpenFileDialog	窗体标题
TextBox1	Name	TextBox1	文本框
	Mutiline	True	多行显示
Button1	Name	Button1	按钮
	Text	打开	按钮文本
Button2	Name	Button2	按钮
	Text	清空	按钮文本
OpenFileDialog1	Name	OpenFileDialog	打开文件对话框
	Text		

窗体设计界面如图 4-18 所示。

图 4-18　设计界面

第二步：编写事件代码。

先加入命名空间调用的代码 Imports System.io。

双击"打开"按钮，进入该按钮的单击事件，编写如下代码。

代码 4-12："打开"按钮的单击事件

```
Private Sub Button1_Click(ByVal sender As System.Object, ByVal e As
System.EventArgs) Handles Button1.Click
    Dim FileName As String
    Dim filestream1 As System.IO.FileStream
    Dim chrstream1 As System.IO.StreamReader
    OpenFileDialog1.InitialDirectory = "f:\"
    OpenFileDialog1.Filter = " 文本文件 (*.txt)|*.txt| 图片文件 (*.jpg)|*.
jpg| 所有文件 |*.*"
    OpenFileDialog1.RestoreDirectory = True
    OpenFileDialog1.FilterIndex = 1
    OpenFileDialog1.Title = "open"
    OpenFileDialog1.AddExtension() = False
    OpenFileDialog1.CheckPathExists() = True
    OpenFileDialog1.ValidateNames() = True
    OpenFileDialog1.ShowHelp() = True
    If OpenFileDialog1.ShowDialog = Windows.Forms.DialogResult.OK Then
        FileName = OpenFileDialog1.FileName
        If FileName <> "" Then
            filestream1 = File.Open(FileName, IO.FileMode.Open, FileAccess.
Read)
```

```
            chrstream1 = New System.IO.StreamReader(filestream1)
            TextBox1.AppendText(chrstream1.ReadToEnd)
        End If
    Else
        MessageBox.Show("取消了")
    End If
End Sub
```

编写 OpenFileDialog 的 HelpRequest 事件，编写代码如下。

代码 4-13：penFileDialog 的 HelpRequest 事件

```
Private Sub OpenFileDialog1_HelpRequest(ByVal sender As System.Object,
ByVal e As System.EventArgs) Handles OpenFileDialog1.HelpRequest
    MessageBox.Show("帮助事件")
End Sub
```

双击"清空"按钮，进入该按钮的单击事件，编写代码如下。

代码 4-14："清空"按钮的单击事件

```
Private Sub Button2_Click(ByVal sender As System.Object, ByVal e As
System.EventArgs) Handles Button2.Click
    TextBox1.Text = ""
End Sub
```

3. 相关知识点

（1）OpenFileDialog 常用的属性。

AddExtension 属性：该属性设置是否自动添加默认扩展名，为 True 时自动在文本名后添加扩展名。

CheckPathExists 属性：该属性在对话框返回之前检查指定路径是否存在。

DefaultExt 属性：该属性设置默认扩展名。

DereferenceLinks 属性：该属性设置在对话框返回前是否取消引用快捷方式。

Filter 属性：该属性是在对话框中显示文件的过滤器，格式如下：

```
"文本文件（*.txt）|*.txt|图片文件（*.jpg）|*.jpg|所有文件|*.*"
```

FilterIndex 属性：该属性在对话框中选择文件过滤器的索引，如果选第一项就设为 1。

FileName 属性：该属性表示第一个在对话框中显示的文件或最后一个选取的文件。

InitialDirectory 属性：该属性是指对话框的初始目录。如下语句设置初始路径为 F 盘。

```
OpenFIleDialog1.InitialDirectory="F:\ "   '则文件对话框一打开就在 F 盘
```

RestoreDirectory 属性：该属性设置对话框在关闭前是否恢复当前目录。

ShowHelpe 属性：该属性设置启动"帮助"按钮，为 Ture 时添加"帮助"按钮。

ValidateNames 属性：该属性使对话框检查文件名中是否包含了无效的字符或序列。

Title 属性：该属性设置显示在对话框标题栏中的名称。

（2）OpenFileDialog 常用的方法。

FileOk( ) 方法：该事件是当用户单击"打开"按钮时触发的事件。格式如下：

```
Private Sub OpenFileDialog1_FileOk(参数列表) Handles OpenFileDialog1.
Disposed
    '处理代码
End Sub
```

HelpRequest( ) 方法：该事件是当用户单击"帮助"按钮时触发的事件。格式如下：

```
Private Sub OpenFileDialog1_HelpRequest(参数列表) Handles OpenFileDialog1.
Disposed
    …'处理代码
End Sub
```

4.4.2 使用保存文件对话框

1. 要求和目的

1）要求

设计如图 4-19 所示的界面，包括 1 个 RichTextBox 文本框控件，用于输入文本。单击"保存"按钮，打开一个保存文件对话框，如图 4-20 所示，将 RichTextBox 控件的文本保存。

图 4-19　保存文件对话框程序运行效果

图 4-20　保存文件

2）目的

（1）掌握文本框控件 RichTextBox 的使用方法。

（2）掌握保存文件对话框控件 SaveFileDialog 的使用方法。

2. 设计步骤

第一步：界面设计。

打开 Visual Studio 2022 编程环境，创建一个 Visual Basic Windows 应用程序。首先将 Form 窗体的名称改为 SaveFileDialog。在窗体中拖入 1 个 SaveFileDialog 控件，该控件是不可见控件，显示在窗体的下边；拖入 1 个按钮控件 Button，设置 Button 控件的 Text 属性为"保存"；再拖入 1 个多行文本控件 RichTextBox，用于保存文本。窗体及控件的主要属性设置如表 4-5 所示。

表 4-5　保存文件对话框窗体及控件的属性设置

控　件	属　性	属 性 值	说　明
SaveFileDialog	Name	SaveFileDialog	窗体名称
	Text	SaveFileDialog	窗体标题
RichTextBox1	Name	RichTextBox1	多行文本框
Button1	Name	Button1	按钮
	Text	保存	
SaveFileDialog1	Name	SaveFileDialog1	
	Text		

窗体界面如图 4-21 所示。

图 4-21　保存文件对话框程序的界面设计

第二步：编写事件代码。

双击"保存"按钮，进入该按钮的单击事件，编写代码如下。

代码 4-15："保存"按钮的单击事件

```
Private Sub Button1_Click(ByVal sender As System.Object, ByVal e As
System.EventArgs) Handles Button1.Click
    Dim FileName As String
    SaveFileDialog1.InitialDirectory = "F:\"
    SaveFileDialog1.Filter = " 文本文件 (*.txt)|*.txt| 图片文件 (*.jpg)|*.
jpg| 所有文件 |*.*"
    SaveFileDialog1.RestoreDirectory = True
    SaveFileDialog1.FilterIndex = 1
    SaveFileDialog1.Title = "save"
    SaveFileDialog1.AddExtension() = True
```

```
SaveFileDialog1.CheckPathExists() = True
SaveFileDialog1.ValidateNames() = True
SaveFileDialog1.ShowHelp() = True
SaveFileDialog1.OverwritePrompt() = True
If SaveFileDialog1.ShowDialog = Windows.Forms.DialogResult.OK Then
    FileName = SaveFileDialog1.FileName
    If FileName <> "" Then
        RichTextBox1.SaveFile(FileName)
        MessageBox.Show("已保存")
    Else
        MessageBox.Show("文件名为空")
    End If
End If
End Sub
```

3. 相关知识点

（1）SaveFileDialog 常用的属性。

AddExtension 属性：该属性设置是否自动添加默认扩展名，为 True 时就自动在文本名后添加扩展名。

CheckPathExists 属性：该属性在对话框返回之前检查指定路径是否存在。

DefaultExt 属性：该属性设置默认扩展名。

DereferenceLinks 属性：该属性设置在对话框返回前是否取消引用快捷方式。

Filter 属性：该属性是在对话框中显示文件的过滤器。格式如下：

```
" 文本文件（*.txt）|*.txt| 图片文件（*.jpg）|*.jpg| 所有文件 |*.*"
```

FilterIndex 属性：该属性在对话框中选择文件过滤器的索引，如果选第一项就设为 1。

FileName 属性：该属性表示第一个在对话框中显示的文件或最后一个选取的文件。

InitialDirectory 属性：该属性指对话框的初始目录。

例如，设置初始路径为 F 盘，代码如下：

```
OpenFIleDialog1.InitialDirectory="F:\ "    ' 该文件对话框一打开就在 F 盘
```

RestoreDirectory 属性：该属性设置对话框在关闭前是否恢复当前目录。

ShowHelpe 属性：该属性设置启动"帮助"按钮，为 Ture 时添加"帮助"按钮。

ValidateNames 属性：该属性使对话框检查文件名中是否包含了无效的字符或序列。

Container 属性：该属性控制对话框在将要创建文件时，提示用户文件名是否正确。

CreatePrompt 属性：该属性控制对话框当文件不存在时，提示用户是否创建文件。

OverwritePrompt 属性：该属性控制对话框当指定的文件已存在时，提示用户是否重写该文件，为 True 时给予提示，否则无提示。

（2）SaveFileDialog 常用的方法。

FileOk( )方法：当用户单击"保存"按钮时触发该事件。格式如下：

```
Private Sub SaveFileDialog1_FileOk(参数列表) Handles OpenFileDialog1.
Disposed
...' 处理语句
End Sub
```

4.4.3　使用字体对话框

1. 要求和目的

1）要求

设计如图 4-22 所示的界面，包括 1 个 RichTextBox 控件和 1 个按钮控件，在
RichTextBox 控件中输入文本。单击"字体"按钮，可以打开 1 个字体对话框，如图 4-23 所示。
通过字体对话框可以设置 RichTextBox 控件中文本的字体格式。

图 4-22　"字体"对话框程序运行效果　　　　图 4-23　"字体"对话框

2）目的

（1）掌握字体对话框控件 FontDialog 的使用方法。

（2）掌握设置文本框控件 RichTextBox 中文本字体的方法。

2. 设计步骤

第一步：界面设计。

打开 Visual Studio 2022 编程环境，创建一个 Visual Basic Windows 应用程序。首先将
Form 窗体的名称改为 FontDialog。在窗体中拖入 1 个 FontDialog 控件，该控件也是 1 个
不可见控件，显示在窗体的下边；再拖入 1 个 Button 控件和一个 RichTextBox 控件，分别
用于打开字体控件对话框和填写文本。设置窗体及控件的主要属性如表 4-6 所示。

表 4-6　字体对话框窗体及控件的属性设置

控　　件	属　　性	属 性 值	说　　明
FontDialog	Name	FontDialog	窗体名称
	Text	FontDialog	窗体标题
FontDialog1	Name	FontDialog1	字体对话框
Button1	Name	Button1	字体设置按钮
	Text	字体设置	

续表

控　　件	属　　性	属　性　值	说　　明
RichTextBox1	Name	RichTextBox1	多行文本控件
	Text		

窗体的设计界面如图 4-24 所示。

图 4-24 "字体"对话框程序的界面设计

第二步：编写事件代码。

双击"字体"按钮，进入该按钮的单击事件，编写代码如下。

代码 4-16："字体"按钮的单击事件

```
Private Sub Button1_Click(ByVal sender As System.Object, ByVal e As
System.EventArgs) Handles Button1.Click
    FontDialog1.ShowDialog()
    RichTextBox1.Font = FontDialog1.Font
End Sub
```

3. 相关知识点

（1）FontDialog 常用的属性。

AllowScriptChange 属性：该属性设置是否显示字体的字符集。

AllowVerticalFonts 属性：该属性设置是否可选择垂直字体。

Color 属性：该属性设置在对话框中选择的颜色。

Font 属性：该属性是对话框中的字体。

FontMustExist 属性：该属性设置当字体不存在时是否显示错误。

MinSize 属性：该属性设置可选择的最小字号。

MaxSize 属性：该属性设置可选择的最大字号。

ShowColor 属性：该属性设置是否显示颜色选项。这里可以设置文本的颜色，但是没有 ColorDialog 对话框的颜色丰富，对颜色要求比较高的情况下可以使用 ColorDialog 控件来设置。

ShowApply 属性：该属性设置是否显示"应用"按钮。

ShowEffects 属性：该属性设置是否显示下画线、删除线、字体颜色选项。

ShowHelp 属性：该属性设置是否显示"帮助"按钮。

（2）FontDialog 常用的事件。

Apply 事件：单击"应用"按钮时触发的事件。

HelpRequest 事件：单击"帮助"按钮时触发的事件。

Dispose 事件：单击"取消"按钮时触发的事件。

项 目 小 结

本项目介绍了常规文件操作的实现方法。通过实例介绍了文件管理器的实现方法，包括浏览系统文件、创建文件、删除文件、更改文件名称等功能。介绍了文件读写器的实现方法。最后介绍了常见对话框的属性和事件，通过实例介绍了对话框的使用方法，包括打开文件对话框、保存文件对话框和字体对话框。

项 目 拓 展

在此项目创建的文件管理器的基础上，进一步完善文件管理器的功能。要求：可以给不同的用户分配不同的存储空间，用户登录后可以对自己的文件进行管理，包括创建新文件、删除文件和修改文件名称。不同用户之间相互不影响。

项目 5
设计制作个人信息管理系统

　　个人信息管理系统是常见的 Windows 应用系统。本项目通过个人信息管理系统的设计和制作，介绍 ADO.NET 和数据库开发的相关知识技能。ADO.NET 和 ADO 只是名称上相似，这两种数据访问方式所包含的方法和类差别非常大。ADO 是 ActiveX Data Objects 的缩写，是一个 COM 组件库，包含 Connection、Command、Recordset 等对象，分别用来连接和打开数据库，把记录添加到数据库，查询数据库等。ADO.NET 是构建 .NET 数据库应用程序的基础，包含了大量可以进行数据处理的类，如常见的增、删、查、改等操作。

　　本项目通过个人信息管理系统的制作，让读者掌握个人信息管理系统的制作技术，同时让读者了解数据安全、信息安全相关概念，更好践行社会主义核心价值观，为建设全民终身学习的学习型社会、学习型大国做贡献。

知识目标：

（1）了解 SQL Server 数据库的基本结构；

（2）了解 SQL Server 数据库的特点；

（3）了解 ADO.NET 的基本结构和特点。

能力目标：

（1）掌握 SQL Server 数据库常用的操作方法；

（2）掌握 ADO.NET 编程的流程和方法；

（3）掌握 ADO.NET 操作 SQL Server 数据库的方法。

课程思政目标：

（1）树立正确的技能观，推广服务于人民和社会的项目；

（2）潜移默化引导学生树立社会主义核心价值观；

（3）引导学生努力提高自己的技能，项目的设计遵循客观规律。

任务 5.1　SQL Server 2022 基本操作

5.1.1　安装 SQL Server 2022 数据库管理系统

　　启动 SQL Server 2022 Evaluation Edition 的安装文件，界面如图 5-1 所示。

　　在该界面中选择"基本"安装选项，进入如图 5-2 所示的界面。

　　在该界面中单击"接受"按钮，进入如图 5-3 所示的界面。

图 5-1　SQL Server 2022 Evaluation Edition 启动界面

图 5-2　许可条款界面

图 5-3　选择文件安装位置

在该界面中选择安装路径，然后单击"安装"按钮，进入如图 5-4 所示的界面。

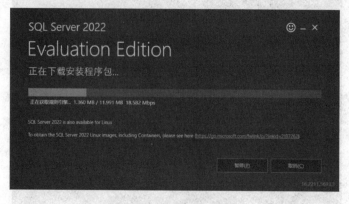

图 5-4　下载安装包界面

该界面显示下载安装文件的进度，下载完成，进入如图 5-5 所示的安装界面。

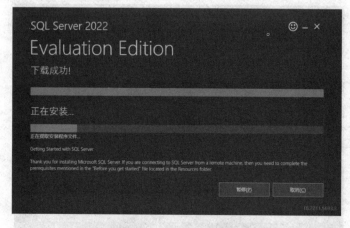

图 5-5　安装进度界面

安装完成后，进入安装成功提示界面，如图 5-6 所示。

图 5-6　安装成功提示

单击"安装SSMS"按钮，打开下载SQL Server Management Studio的网址，如图5-7所示。

图 5-7   下载 **SQL Server Management Studio** 的界面

下载 SQL Server Management Studio 完成后，进行安装，如图 5-8 所示。

图 5-8   安装 **SQL Server Management Studio** 的界面

在该界面中单击"安装"按钮，进入安装进度界面，安装完成的界面如图 5-9 所示。

单击"重新启动"按钮，以完成安装。重启系统后，打开 SQL Server Management Studio，进入如图 5-10 所示的界面。

选择连接服务器的选项，单击"连接"按钮，进入 SQL Server 数据库操作与管理界面，如图 5-11 所示。

图 5-9　安装成功提示界面

图 5-10　连接 SQL Server 服务器的界面

图 5-11　数据库操作与管理界面

5.1.2　数据库操作

常见的数据库操作包括数据库和数据表的创建、管理、删除。

下面介绍新建数据库的方法。

在管理工具中展开左侧的管理目录，选择"数据库"，如图 5-12 所示，在右边空白处右击，选择"新建数据库"命令。

图 5-12　展开管理目录

在打开对话框的"数据库名称"中输入名称，单击"确定"按钮，就可以创建一个数据库了，如图 5-13 所示。

图 5-13　创建数据库的界面

在左边管理目录中展开新建的数据库，选择"表"，在右边空白处右击，选择"新建表"命令。创建后的表如图 5-14 所示。

图 5-14　创建表

创建表时先在设计表中输入"列名"，选择"数据类型"和长度，单击"保存"按钮，会有如图 5-15 所示的提示。

图 5-15　保存表提示

输入表名称后，单击"确定"按钮，就可以创建一个数据表了。

5.1.3　使用常见的 SQL 语句

SQL 是与数据库管理系统（DBMS）进行通信的一种语言和工具，将 DBMS 的组件联系在一起。可以为用户提供强大的功能，使用户可以方便地进行数据库的管理、数据的操作。通过 SQL 命令，程序员或数据库管理员（DBA）可以完成以下功能。

（1）建立数据库的表格。

（2）改变数据库系统环境设置。

（3）让用户自己定义所存储数据的结构，以及所存储数据各项之间的关系。

（4）让用户或应用程序可以向数据库中增加新的数据、删除旧的数据以及修改已有数据，有效地支持了数据库数据的更新。

（5）使用户或应用程序可以从数据库中按照自己的需要查询数据并组织使用它们，其中包括子查询、查询的嵌套、视图等复杂的检索。

（6）能对用户和应用程序访问数据、添加数据等操作的权限进行限制，以防止未经授权的访问，可以有效地保护数据库的安全。

（7）使用户或应用程序可以修改数据库的结构。

（8）使用户可以定义约束规则，定义的规则将保存在数据库内部，可以防止因数据库更新过程中的意外或系统错误而导致的数据库崩溃。

美国国家标准化学会（ANSI）和国际标准化组织（ISO）在 1986 年制定了 SQL 的标准，并在 1989 年、1992 年与 1999 年进行了 3 次扩展，使得所有生产商都可以按照统一标准实现对 SQL 的支持，SQL 语言在数据库厂家之间具有广泛的适用性。虽然在不同厂家之间 SQL 语言的实现方式存在某些差异，但是通常情况下无论选择何种数据库平台，SQL 语言都保持相同。

SQL 由 IBM 研究人员发明，然后得到了 Microsoft 公司、Oracle 公司等数据库市场各大软件公司的支持，保证了 SQL 今后的发展。

所有主流的 DBMS 软件供应商均提供对 SQL 的支持，SQL 标准的确立使不同的产商可以独立地进行 DBMS 软件的设计。查询、报表生成器等数据库工具能在许多不同类型的 SQL 数据库中使用。

基于 SQL 的数据库产品能在不同计算机上运行，也支持在不同的操作系统上运行，还可以通过网络进行访问和管理。

可以通过使用 SQL 产生不同的报表和视图，将数据库中的数据从用户所需的角度显示在用户面前供用户使用，具有很大的灵活性。同时，SQL 的视图功能也能提高数据库的安全性，并且能满足特定用户的需要。

面向对象编程技术的兴起，使数据库市场也面临了对象技术的引入，各个 SQL 数据库生产商也正在扩展和提高 SQL 对对象的支持。

1. 表的建立

关系数据库的主要特点之一就是用表的方式组织数据。表是 SQL 语言存放数据、查找数据以及更新数据的基本数据结构。在 SQL 语言中，表有严格的定义，它是一种二维表，对于这种表有如下规定。

（1）每一张表都有一个名字，通常称为表名或关系名。表名必须以字母开头，最大长度为 30 个字符。

（2）一张表可以由若干列组成，列名唯一，列名也称作属性名。

（3）表中的一行称为一个元组，它相当于一条记录。

（4）同一列的数据必须具有相同的数据类型。

（5）表中的每一个列值必须是不可分割的基本数据项。

注意：当用户需要新的数据结构或表存放数据时，首先要生成一个表。

语法格式如下：

```
CREATE TABLE 表名 [ 表约束 ]
( 列名 1 数据类型 [ 默认值 1, 列约束 1]
( 列名 2 数据类型 [ 默认值 2, 列约束 2]
...
列名 n 数据类型 [ 默认值 n, 列约束 n]
[TABLESPACE 表空间名称 ]
[STORAGE ( 存储的子句 ) ]
[ENABLE 约束名 ]
[DISABLE 约束名 ]
```

2. 插入数据

当一个表新建成时，它里面没有数据，通过向表中插入数据，可以生成表的实例。

语法格式如下：

```
INSERT INTO 表名 [ ( 列名 1,...) ]
VALUES( 值 1, 值 2,..., 值 n)
[ 子查询 ];
```

假设有一张表为 Student，如表 5-1 所示。

表 5-1　Student 数据表

NO	NAME	AGE
1001	A	12
1002	B	14

将新学生 E 增加到表 5-1 中，并按照表的结构将信息添加完整，需要如下语句：

```
INSERT INTO Student VALUSE(1003, 'E',12);
```

3. 修改数据

对表中已有数据进行修改，语法格式如下：

```
UPDATE 表名 SET 列名 1 = 表达式 1, 列名 2 = 表达式 2,...
WHERE 条件 ;
```

例如，对 Student 数据表中的数据进行修改，将 B 的年纪改为 18。可以执行以下语句：

```
UPDATE Student SET AGE=18 WHERE NAME='B';
```

4. 删除数据

可以删除表中已有数据，但不能删除不存在的数据。

语法格式如下：

```
DELETE FROM 表名 WHERE 条件 ;
```

例如，对 Student 表中数据进行删除，删除年纪为 12 的学生，语句如下：

```
DELETE FROM Student WHERE AGE = 12;
```

5. 表结构的修改

在已存在的表中增加新列，语法格式如下：

```
ALTER TABLE 表名 ADD ( 新列名 数据类型 ( 长度 ) );
```

例如，以下语句为 Student 表增加了一个新列：

```
ALTER TABLE Student ADD (DEPARTMENT CHAR(8));
```

另外，可以修改已有列的数据类型。例如：

```
ALTER TABLE Student MODIFY(NAME VARCHAR2(25));
```

6. 表的删除

将已经存在的表删除，语法格式如下：

```
DROP TABLE 表名；
```

7. 查询语句

SELECT 命令的语法如下：

```
SELECT [DISTINCT|ALL] {*| 模式名 .] { 表名 | 视图名 |
快照名 ] .*...| { 表达式 [ 列别名 ]...} } [, [ 模式名 . ] { 表名 |
视图名 |} .*...| 表达式 [ 列别名 ]...
FROM [ 模式名 .] { 表名 | 视图名 | 快照名 } [@ 数据库链名 ] [ 表别名 ]
[, [ 模式名 .] { 表名 | 视图名 | 快照名 } [@ 数据库链名 ]
[ 表别名 ] ]...
[WHERE 条件 ]
[START WITH 条件 CONNECT BY 条件 ]
[GROUP BY 表达式 [, 表达式 ] ...[HAVING 条件 ]
[UNION|UNION ALL |INTERSECT|MINUS]SELECT 命令
[ORDER BY{ 表达式 | 位置 } [ASC|DESC] [, { 表达式 | 位置 [ASC|DESC]}}]...
```

例如，对于 Student 表进行以下查询操作。

（1）查询年纪为 12 的学生姓名：

```
SELECT Student.NAME FROM STUDENT WHERE AGE=12;
```

（2）查询年纪为 12~16 岁的学生姓名：

```
SELECT Student.NAME FROM STUDENT WHERE AGE BETWEEN 12 AND 16;
```

（3）查询年纪不为 12~16 岁的学生姓名：

```
SELECT Student.NAME FROM STUDENT WHERE AGE NOT BETWEEN 12 AND 16;
```

（4）查询所有以 A 开头的学生的姓名：

```
SELECT Student.NAME FROM STUDENT WHERE NAME LIKE 'A%';
```

（5）列出所有学生年纪的和，年纪的平均值、最大值、最小值，以及最大值与最小值之间的差值：

```
SELECT AVG(AGE), SUM(AGE), MAX(AGE), MIN(AGE), MAX(AGE)-MIN(AGE);
```

（6）将所有学生按学号顺序升序排列：

```
SELECT * FROM Student ORDER BY NO DESC;
```

（7）将所有学生按学号顺序升序排列：

```
SELECT * FROM Student ORDER BY NO ASC;
```

任务 5.2　熟悉常用 ADO.NET 对象

ADO.NET 给 SQL Server 和 XML 等数据源以及通过 OLE DB 和 XML 公开的数据源提供一致的数据访问。数据使用者的应用程序可以使用 ADO.NET 来连接到这些数据源，并可实现查询、处理和更新所包含的数据。ADO.NET 通过数据处理将数据访问分解为多个可以单独使用或一前一后使用的不连续组件。ADO.NET 包含用于连续的数据库、执行命令和检索结果的 .NET Framework 数据提供程序，可以直接处理检索到的结果，或将结果放入 ADO.NET 的 DataSet 对象中，以便于来自多个数据源的数据组合在一起。ADO.NET 的 DataSet 对象也可以独立于 .NET Framework 数据提供程序使用，以管理应用程序本地的数据或 XML 数据源。

5.2.1　使用 OleDbConnection 对象建立数据库连接

OleDbConnection 对象主要的作用是开启程序和数据库之间的连接。如果没有连接对象将数据库打开，是无法从数据库中取得数据的。OleDbConnection 对象位于 ADO.NET 的最底层。可以自己创建 OleDbConnection 对象，或是由其他的对象自动生成。要操作数据库，必须先使用 OleDbConnection 连接到数据库，再创建 OleDbConnection 查询。例如，创建 OleDbConnection 对象 conn，代码如下：

```
Dim conn As OleDb.OleDbConnection=New OleDb.OleDbConnection.ConnectionString
```

也可以通过构造函数来创建，代码如下：

```
Dim conn As OleDb.OleDbConnection=New OleDb.OleDb.OleDbConnection.
ConnectionString("Provider=Microsoft.Jet.OLEDB.4.0;Data Source=db1.mdb")
```

1. OleDbConnection 对象常用的属性

ConnectionString 属性：该属性获取或设置用于打开数据库的字符串。格式如下：

```
Public OverLoads Property ConnectionString() As String
```

例如，创建一个 OleDb.OleDbConnection 对象 conn，设置其属性为连接 Access 数据库 db1.mdb 的字符串，代码如下：

```
conn.ConnectionString="Provider=Microsoft.Jet.OLEDB.4.0;Data Source=db1.
mdb"
```

ConnectionTimeOut 属性：该属性获取或尝试建立连接时终止尝试并产生错误之前所

等待的时间。格式如下：

```
Public Overrides ReadOnly Property ConnectionTimeOut() As Integer
```

ReadOnly 指定该属性是只读属性，只能获取而不能对其进行设置。该属性返回一个 Integer 类型值。例如，time1 获取连接数据库错误而终止的时间，代码如下：

```
Dim time1 As Integer=conn.ConnectionTimeOut
```

DataBase 属性：该属性获取当前数据库或连接打开后要使用的数据库的名称。也是只读属性，并返回 String 字符串类型值。格式如下：

```
Public Overrides ReadOnly Property DataBase() As String
```

例如，用字符串变量 database 获取连接对象 conn 所连接数据库的名称，代码如下：

```
Dim database As String=conn.Database
```

State 属性：该只读属性获取当前数据库的连接状态。格式如下：

```
Public Overrides ReadOnly Property State() As System.Data.ConnectionState
```

例如，用变量 State 获取当前数据库的连接状态，代码如下：

```
Dim state As Data.ConnectionState=conn.State
```

Provider 属性：该属性获取在连接字符串的"Provider="子句中指定的 OLE DB 提供程序的名称。格式如下：

```
Public ReadOnly Property Provider() As String
```

2. OleDbConnection 对象常用的方法

Close( ) 方法：该方法关闭数据源的连接。一般用法为 conn.Close( )。

CreateCommand( ) 方法：该方法创建并返回一个与 Connection 关联的 Command 对象。格式如下：

```
Public Function CreateCommand f() As System.Data.OleDb.OleCommand
```

Open( ) 方法：该方法打开 Connection 对象的 ConnectionString 属性所指定的数据库的连接。一般用法为 conn.Open( )。

Dispose( ) 方法：该方法释放 System.ComponentModel.Component 使用的所有资源，一般用法为 conn.Dispose( )。

5.2.2　使用 SqlConnection 对象和 DataTable 对象

1. SqlConnection 对象

SqlConnection 对象类似 OLE DB 中的 OleDbConnection 对象，SqlConnection 与 SqlDataAdapter 和 SqlConnection 一起使用，可以在连接 Microsoft SQL Server 数据库的时候提高性能。

当创建 SqlConnection 的实例时，所有属性都设置为初始值。

SqlConnection 对象的构造方法有以下两种：

```
SqlConnection()    ' 空参数构造方法
SqlConnection(Dim connectionString As String)
```

参数 connectionString 是连接 SQL Server 数据库的字符串。例如，使用没有参数的构造函数来创建一个实例，代码如下：

```
Dim conn As SqlClient.SqlConnection=New SqlClient.SqlConnection
```

SqlConnection 对象的常用属性有 ConnectionString、ConnectionTimeOut、Database、DataSource 和 State 等，都与 OleDbConnection 对象的属性相同。

SqlConnection 对象的常用方法如下。

ChangeDatabase( )：该方法为打开的数据库连接更改数据库。格式如下：

```
Public Overrides Sub ChangeDatabase(database As String)
```

ChangePassword( )：该方法更改连接字符串中指示用户的 SQL Server 密码。格式如下：

```
Public Shared Sub ChangePassword(connectionString As String,newPassword
As String)
```

ClearAllPools( )\ClearPool( )：该方法清空连接池。

Close( )：该方法关闭与 SQL Server 数据库的连接。

CreateCommand( )：用来创建一个 SqlCommand 对象。

Dispose( )：该方法释放资源。

Open( )：该方法打开与 SQL Server 的连接。

2. DataTable 对象

（1）DataTable 的构造方法。DataTable 具有两个构造方法，分别是有参数和没有参数的。使用构造方法创建 DataTable 并实例化，代码如下：

```
Dim dt As DataTable=New DataTable()
```

或

```
Dim dt As DataTable=New DataTable(tablename As String)
```

其中有参数的构造方法的参数 tablename 指定需要创建的表的名称。

（2）DataTable 常用的属性。

CaseSentives 属性：指定表中的字符串比较是否区分大小写。返回一个 Boolean 类型的值。

ChildRelations 属性：获取此表中子关系的集合。

Columns 属性：获取属于此表的列的集合。

Constriants 属性：获取属于此表的约束的集合。

DataSet 属性：获取此表所属的 DataSet。

DefaultView 属性：获取可能包含选择视图或游标位置的表的自定义视图。

DisplayExpression 属性：获取或设置一个表达式，该表达式返回的值表示用于界面中的这个表。该属性返回一个 String 类型的值。

ExtendedProperties 属性：获取自定义用户信息的集合。

PrimaryKey 属性：获取或设置充当数据表主键的列的数组。该属性返回一个 DataColumn 类型值。

Rows 属性：获取属于该表的行的集合。该属性返回类型为行集合类型 DataRow-Collection。

TableName 属性：获取或设置 DataTable 的名称。返回类型为 String 类型。

（3）DataTable 常用的方法。

Clear( ) 方法：清除表的内容。

Clone( ) 方法：复制 DataTable 的结构，包括所有表的结构和约束，返回类型为表类型。

Copy( ) 方法：复制该表的结构和数据，返回一个 DataTable。

GetErrors( ) 方法：获取包含错误的 DataRow 对象的数组，返回 DataRow 类型的数组。

NewRow( ) 方法：创建与该表具有相同结构的新的 DataRow 对象，返回一个 DataRow 对象。

（4）DataTable 常用的事件。

ColumnChanged 事件：在列的内容被改变之后触发。

ColumnChanging 事件：在列的内容被改变之前触发。

RowChanged 事件：在行被改变之后触发。

RowChanging 事件：在行被改变之前触发。

RowDeleted 事件：在行被删除之后触发。

RowDeleting 事件：在行被删除之前触发。

5.2.3　使用 DataSet 对象

1. DataSet 常见的属性

CasesSensitive 属性：用于控制 DataTable 中的字符串比较是否区分大小写，返回 Boolean 类型值。

DataSetName 属性：当前 DataSet 的名称，如果不指定，则该属性的值设置为 NewDataSet。如果将 DataSet 内容写入 XML 文件中，则 DataSetName 是 XML 文件的根节点名称。

DesignMode 属性：如果在设计时使用组件中的 DataSet，DesignMode 返回 True，否则返回 False。

HasErrors 属性：表示 DataSet 中的 DataRow 对象是否包含错误。如果将一批更改提交给数据库并将 DataAdapter 对象的 ContinueUpdateOnError 属性设置为 True，则在提交更改后必须检查 DataSet 的 HasErrors 属性，以确定是否更新失败。

Tables 属性：检查现有的 DataTable 对象，通过索引访问 DataTable，可以提高性能。

2. DataSet 常用的方法

AcceptChanges( ) 和 RejectChanges( ) 方法：接受或放弃 DataSet 中所有挂起的更改。调用 AcceptChanges( ) 时，RowState 属性值为 Added 或 Modified 的所有行的 RowState 属性都将被设置为 UnChanged。任何标记为 Deleted 的 DataRow 对象将被从 DataSet 中删除，其他修改过的 DataRow 对象将返回到前一状态。

Clear( ) 方法：清除 DataSet 中的所有 DataRow 对象。该方法比释放一个 DataSet 然后再创建一个相同结构的新 DataSet 要快一些。

Clone( ) 和 Copy( ) 方法：使用 Copy( ) 方法会创建与原 DataSet 具有相同结构和相同行的新 DataSet。使用 Clone( ) 方法会创建具有相同结构的新 DataSet，但不会包含任何行。

GetChanges( ) 方法：返回与原 DataSet 对象具有相同结构的新 DataSet，并且包含原 DataSet 中所有挂起更改的行。

Merge( ) 方法：从另一个 DataSet、DataTable 或现有 DataSet 中的一组 DataRow 对象中载入数据。

Reset( ) 方法：将 DataSet 返回到未初始化状态。如果想放弃现有 DataSet 并且开始处理新的 DataSet，使用 Request( ) 方法比创建一个 DataSet 的新实例效率更高。

5.2.4　使用 DataRow 对象

1. 要求和目的

1）要求

设计如图 5-16 所示的界面，要求单击"建表"按钮时，可以建立数据表；单击"显示"按钮时，可以将建立的数据表显示在 ListBox 控件中；单击"编辑"按钮，可以出现如图 5-17、图 5-18 所示的输入框，输入需要编辑的数据；单击"删除"按钮，可以将数据表中的数据删除。

2）目的

掌握 DataTable 对象的使用方法。

图 5-16　使用 DataRow 对象
程序运行界面

图 5-17　输入框（1）

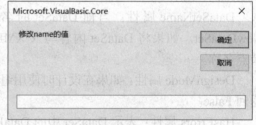

图 5-18　输入框（2）

2. 设计步骤

第一步：界面设计。

打开 Visual Studio 2022 编程环境，创建一个名称为 5-2-4 的 Visual Basci Windows 应用程序。首先修改 Form 窗体的名称为 DTForm。在窗体中拖入 1 个 ListBox 列表框控件，显示表中的数据；再拖入 2 个按钮控件，分别设置其 Text 属性为"建表"和"显示"。窗体中控件的主要属性设置如表 5-2 所示。

表 5-2　窗体中控件的主要属性设置

控　件	属　性	属　性　值	备　注
DTForm	Name	DTForm	窗体名称
	Text	DTForm	窗体标题
ListBox1	Name	ListBox1	列表框名称
	Text		
Button1	Name	Button1	"建表"按钮
	Text	建表	
Button2	Name	Button2	"显示"按钮
	Text	显示	
Button3	Name	Button3	"编辑"按钮
	Text		
Button4	Name	Button4	"删除"按钮
	Text		

设计界面如图 5-19 所示。

图 5-19　使用 DataRow 对象程序的界面设计

第二步：代码编写。

双击窗体空白处，转到代码编辑界面，在窗体代码中添加代码，首先声明全局变量。添加代码如下（在 DTForm 类中添加）。

使用
DataRow
对象

代码 5-1：全局变量定义

```
Dim dt As DataTable = New DataTable
Dim column1 As DataColumn = New DataColumn
Dim column2 As DataColumn = New DataColumn
Dim drow1 As DataRow
Dim drow2 As DataRow
Dim drow3 As DataRow
```

上述代码用来创建表 dt，表中有两列 Column1 和 Column2，有三行数据 drow1、drow2 和 drow3。

双击"建表"按钮，进入该按钮的单击事件，添加代码如下。

代码 5-2："建表"按钮的单击事件

```
Private Sub Button1_Click(ByVal sender As System.Object, ByVal e As
System.EventArgs) Handles Button1.Click
    dt.TableName = "table1"  '设置表名
    Dim ds As DataSet = New DataSet
    ds.Tables.Add(dt)
    '把新建的表 table1、table2 和 table3 添加到数据集中
    addcolumn1()
    addcolumn2()  '设置列属性的 sub 过程
    dt.Columns.Add(column1)
    dt.Columns.Add(column2)
    drow1 = dt.NewRow
    drow1("id") = "1000" 'CInt(InputBox("输入 id, Integer 类型"))
    drow1("name") = "小李" 'InputBox("输入 name, String 类型")
    drow2 = dt.NewRow
    drow2("id") = "1001" 'CInt(InputBox("输入 id, Integer 类型"))
    drow2("name") = "小明" 'InputBox("输入 name, String 类型")
    drow3 = dt.NewRow
    drow3("id") = "1002" 'CInt(InputBox("输入 id, Integer 类型"))
    drow3("name") = "小红" 'InputBox("输入 name, String 类型")
    dt.Rows.Add(drow1)
    dt.Rows.Add(drow2)
    dt.Rows.Add(drow3)
    MessageBox.Show("创建了表" & dt.TableName)
End Sub
```

同时，需要定义列属性的 Sub 过程，代码如下。

代码 5-3：列属性的 Sub 过程

```
Sub addcolumn1()
    column1.AllowDBNull = False
    column1.AutoIncrement = True
    column1.AutoIncrementSeed = 1000
    column1.AutoIncrementStep = 2
    column1.Caption = "学号"
    column1.ColumnName = "id"
    column1.DataType = GetType(Integer)
```

```
    'column1.DefaultValue = "1000"
    'column1.Expression = "id * 10"
    'column1.MaxLength = 10
    column1.ReadOnly = False
End Sub
Sub addcolumn2()
    column2.AllowDBNull = False
    column2.AutoIncrement = True
    ' column2.AutoIncrementSeed = 1000
    'column2.AutoIncrementStep = 2
    column2.Caption = " 姓名 "
    column2.ColumnName = "name"
    column2.DataType = GetType(String)
    column2.DefaultValue = "null"
    'column1.Expression = "id * 10"
    column2.MaxLength = 10
    column2.ReadOnly = False
End Sub
```

双击"显示"按钮,进入该按钮的单击事件,添加代码如下。

代码 5-4:"显示"按钮的单击事件

```
Private Sub Button2_Click(ByVal sender As System.Object, ByVal e As
System.EventArgs) Handles Button2.Click
    dis()
End Sub
```

同时,添加 dis( ) 过程的代码如下。

代码 5-5: dis( ) 过程

```
Sub dis() ' 显示的过程
    Dim rows1(2) As Object
    Dim rows2(2) As Object
    Dim rows3(2) As Object
    Dim i As Integer = 0
    For i = 0 To 1
        rows1(i) = drow1.Item(i)
        rows2(i) = drow2.Item(i)
        rows3(i) = drow3.Item(i)
    Next
    ListBox1.Items.Add(rows1(0) & rows1(1))
    ListBox1.Items.Add(rows2(0) & rows2(1))
    ListBox1.Items.Add(rows3(0) & rows3(1))
    If Button1.Enabled = True Then
        Button1.Enabled = False
    End If
    ListBox1.SelectedIndex = 0
End Sub
```

双击"编辑"按钮,进入该按钮的单击事件,添加代码如下。

代码 5-6：“编辑”按钮的单击事件

```
Private Sub Button3_Click(ByVal sender As System.Object, ByVal e As
System.EventArgs) Handles Button3.Click
    edit()
End Sub
```

同时，添加 edit( ) 过程的代码如下。

代码 5-7：edit( ) 过程

```
Sub edit() '编辑的过程
    Dim selectrow As Integer
    selectrow = ListBox1.SelectedIndex
    If ListBox1.SelectedIndex > 2 Then
        selectrow = ListBox1.SelectedIndex Mod 3
    End If
    Dim editrow As DataRow = dt.Rows(selectrow)
    editrow.BeginEdit()
    editrow("id") = InputBox("修改 id 的值")
    editrow("name") = InputBox("修改 name 的值")
    editrow.EndEdit()
    dis()
End Sub
```

双击“删除”按钮，添加该按钮的单击事件，代码如下。

代码 5-8：“删除”按钮的单击事件

```
Private Sub Button4_Click(ByVal sender As System.Object, ByVal e As
System.EventArgs) Handles Button4.Click
    del()
End Sub
```

同时，添加 del( ) 过程的代码如下。

代码 5-9：del( ) 过程

```
Sub del()
    Dim selectrow As Integer
    selectrow = ListBox1.SelectedIndex
    If ListBox1.SelectedIndex > 2 Then
        selectrow = ListBox1.SelectedIndex Mod 3
    End If
    Dim delrow As DataRow = dt.Rows(selectrow)
    dt.Rows.Remove(delrow)
    ListBox1.Items.Remove(ListBox1.SelectedItem)
    MessageBox.Show("第 " & selectrow + 1 & " 行被删除")
End Sub
```

运行、调试程序，可以正常显示内容。

3. 相关知识点

DataRow 和 DataColumn 对象是 DataTable 的主要组件，使用 DataRow 对象及其属性和方法可以查询、插入、删除和更新 DataTable 的值。DataRowCollection 表示 DataTable

中的实际 DataRow 对象，DataColumnCollection 中包含用于描述 DataTable 结构的 DataColumn 对象，可以使用重载 Item 属性返回或设置 DataColumn 的值。

如果要创建新的 DataRow，可以调用 DataTable 对象的 NewRow( ) 方法。创建新的 DataRow( ) 之后，可以调用 Add( ) 方法将新的 DataRow 添加到 DataRowCollection 中，最后调用 DataTable 的 AcceptChanges( ) 方法以确定数据是否已添加。

可以通过调用 DataRowCollection 的 Remove( ) 方法或调用 DataRow 对象的 Delete( ) 方法从 DataRowCollection 中删除 DataRow。Remove( ) 方法将行从集合中删除。与此相反，Delete( ) 方法标记要删除的 DataRow。

可以按照下面的步骤创建 DataRow，代码如下：

```
Dim drow As DataRow
Dim dt As DataTable=New DataTable
drow=dt.NewRow
drow("id")="0001"
drow("name")=" 张三 "
dr.Rows.Add(drow)
```

（1）DataRow 常用的属性。

HasError 属性：确定行是否包含错误。

Item 属性：通过指定行的列数、列的名称或 DataColumn 对象本身访问列的内容，该方法有多种重载方式，格式如下：

```
Item(ColumnIndex As Integer) As Object
Item(ColumnName As String) As Object
Item(Column As DataColumn)As Object
```

RowError 属性：获取或设置行的自定义错误信息的字符串。

RowState 属性：返回 DataRowState 枚举中的值，表示行的当前状态。

Table 属性：返回 DataRow 对象所在的 DataTable。

（2）DataRow 常用的方法。

AcceptChanges( ) 方法：提交更改。

RejectChanges( ) 方法：放弃更改。

BeginEdit( ) 方法：使数据行进入编辑状态。

CancelEdit( ) 方法：取消行的编辑模式。

EndEdit( ) 方法：结束行的编辑模式。

ClearErrors( ) 方法：清除 DataRow 中所有的错误。

Delete( ) 方法：该方法实际上并不从 DataRow 表的 Row 集合中删除该 DataRow。当调用 DataRow 对象的 Delete( ) 方法时，ADO.NET 将该行标记为删除，之后调用 SqlDataAdapter 对象的 Update( ) 方法删除其在数据库中对应的行。如果希望彻底删除 DataRow，可以先调用 Delete( ) 方法，接着再调用 AcceptChanges( ) 方法来删除 DataRow 对象，还可以调用 DataRowCollection 对象的 Remove( ) 方法完成同样的操作。

IsNull( ) 方法：该方法获取一个值，该值指示位于指定索引处的列是否包含空值，重载方法也有很多种，格式如下：

```
IsNull(columnIndex As Integer)As Boolean
IsNull(columnName As String)As Boolean
IsNull(column As DataColumn)As Boolean
```

任务 5.3　设计个人信息管理系统

设计个人
信息管理
系统

通过前面的学习，我们了解到 Visual Basic 具有强大的数据库操作功能。随着软件开发的发展，数据库的开发越来越重要，许多企业级的软件都应用于大型的数据库。其中 SQL Server 数据库应用较多。本实例将创建一个 Visual Basic.NET 数据库应用程序，并与 SQL Server 进行连接。

本任务设计的个人信息管理系统用于读取数据库的个人信息，并显示在应用程序界面中，让读者掌握数据库的基本操作，以及通过 VB.NET 代码连接、读取数据库的基本操作方法。

首先打开 Visual Studio 编程环境。创建一个项目名称为 5-3 的 Visual Basic Windows 应用程序，如图 5-20 所示。

图 5-20　创建 Visual Basic Windows 应用程序

打开 SQL Server Management Studio，连接到本地数据库服务器，界面如图 5-21 所示。

在图 5-22 所示的界面中，新建一个名称为 db2023 的数据库，如图 5-22 所示。

在数据库 db2023 中，新建一个名称为 Table_1 的数据表，字段结构如图 5-23 所示。在数据表中输入一些测试数据，用于后续的应用程序测试。

图 5-21　连接本地数据库服务器

图 5-22　新建数据库

图 5-23　新建数据表的结构

在新建的 Visual Basic Windows 应用程序窗体界面中拖入 1 个 DataGridView 控件，设置其 Dock 属性值为 Fill，界面如图 5-24 所示。

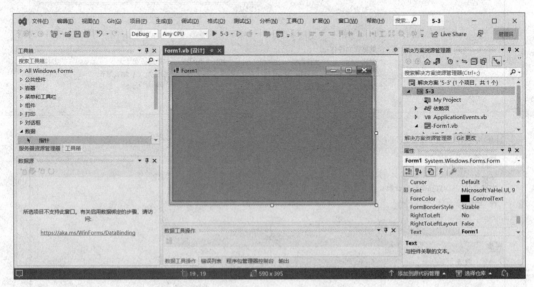

图 5-24　程序设计界面

编写窗体的 Form1_Load 事件，完整代码如下。

代码 5-10：Form1_Load 事件

```
Imports System.Data.SqlClient
Public Class Form1
    Private Sub Form1_Load(sender As Object, e As EventArgs) Handles
MyBase.Load
        Dim conn As New SqlClient.SqlConnection("Data Source=.;Initial
        Catalog=db2023;Integrated Security=SSPI;")
        conn.Open()
        Dim sql As String = "SELECT * FROM Table_1"
        Dim adapter As New SqlDataAdapter(sql, conn)
        Dim ds As New DataSet()
        adapter.Fill(ds)
        DataGridView1.DataSource = ds.Tables(0)
        conn.Close()
    End Sub
End Class
```

选择"调试"→"开始调试"命令，程序运行结果如图 5-25 所示。

id	name	sex	addr	tel	department
1	张三	男	山东省潍坊市	8765432	信息中心
2	李四	女	山东省潍坊市	8765533	信息工程学院
3	王五	男	山东省济南市	8765566	机电工程学院

图 5-25　信息管理系统程序运行结果

项 目 小 结

本项目介绍了 VB.NET 操作数据库的基本方法以及代码的编写。又介绍了 SQL Server 2022 数据库的基本操作、安装 SQL Server 2022 数据库管理系统的方法、常见的数据库操作以及常见的 SQL 语句。还介绍了常用的 ADO.NET 对象，包括 OleDbConnection 对象、SqlConnection 对象和 DataTable 对象等。最后通过个人信息管理系统的设计，系统介绍了 VB.NET 操作 SQL Server 数据库的方法。

项 目 拓 展

在本项目的基础上进一步完善个人信息管理系统的功能。要求：设计一个友好的界面，能够提供用户输入个人信息，并能提交到数据库中，可以查询个人信息，可以修改个人信息以及删除个人信息。

项目 6
设计制作销售信息管理系统

销售管理系统的基本功能是进行销售管理的基础设置、销售业务处理、销售账表的查询分析。销售业务处理包括报价、订货、发货、开票等业务；系统支持普通销售、委托代销、分期收款、直运、零售、销售调拨等多种类型的销售业务；可以进行现结业务、代垫费用、销售支出的业务处理；可以制订销售计划，对价格和信用进行实时监控。本项目通过销售管理系统的制作，让读者掌握销售管理系统的制作技术，同时让读者了解网络安全、信息安全相关概念，更好践行社会主义核心价值观，自觉维护国家安全、网络安全和信息安全。

知识目标：

（1）了解 Access 数据库的基本结构；

（2）了解 Access 数据库的特点；

（3）了解 VB.NET 代码分层的设计思路。

能力目标：

（1）掌握 Access 数据库常用的操作方法；

（2）掌握销售管理系统的结构设计方法；

（3）掌握 VB.NET 代码之间相互调用的设计方法。

课程思政目标：

（1）培养学生诚实、守信、坚忍不拔的性格；

（2）潜移默化引导学生树立社会主义核心价值观；

（3）提高学生在沟通表达、自我学习和团队协作方面的能力。

任务 6.1　销售管理系统的功能设计

本项目设计实现一个销售管理系统，包括以下功能：添加合同信息、管理合同信息、打印合同信息、统计合同信息、添加客户信息、管理客户信息、打印客户信息、添加成品信息、管理成品信息、系统设置、出入库管理。

任务 6.2　系统工程文件一览

本项目的工程文件如图 6-1 所示。

该项目包含的主要界面如下。

（1）关于信息界面 frmAbout.vb。

图 6-1　系统文件一览

（2）添加合同信息界面 frmConAdd.vb。

（3）管理合同信息界面 frmConModify.vb。

（4）统计合同信息界面 frmConSum.vb。

（5）添加客户信息界面 frmCusAdd.vb。

（6）管理客户信息界面 frmCusModify.vb。

（7）添加成品信息界面 frmProAdd.vb。

（8）管理成品信息界面 frmProModify.vb。

（9）系统设置界面 frmSetting.vb。

（10）出入库管理界面 frmStockInOut.vb。

任务 6.3　数据库设计

本项目采用 Access 数据库管理系统，数据库名称为 mag.mdb。本数据库包括 5 个数据表，分别是 contract、customer、product、stock、stocktemp，如图 6-2 所示。

contract 数据表的设计界面如图 6-3 所示。

customer 数据表的设计界面如图 6-4 所示。

product 数据表的设计界面如图 6-5 所示。

stock 数据表的设计界面如图 6-6 所示。

stocktemp 数据表的设计界面如图 6-7 所示。

图 6-2　数据库设计

图 6-3　contract 数据表的设计界面

图 6-4　customer 数据表的设计界面

图 6-5　product 数据表的设计界面

图 6-6　stock 数据表的设计界面

图 6-7　stocktemp 数据表的设计界面

任务 6.4 系统各功能模块详细设计

6.4.1 设计系统基础类文件

在设计系统界面之前，首先编写系统配置文件 modMain.vb 的代码如下。

代码 6-1：modMain.vb 的代码

```
Public strConn As String
Public stockTemp As Long
Public Sub GetConn()
    ' 从配置文件得到连接字符串
    Dim strFileName As String = "mag.ini"
    Dim objReader As StreamReader = New StreamReader(strFileName)
    strConn = objReader.ReadToEnd()
    objReader.Close()
    objReader = Nothing
End Sub
Public Sub checkNum(ByVal txtTemp As TextBox)
    Dim tText As String = txtTemp.Text
    If tText = "" Then
        Exit Sub
    End If
    Dim tNum As Double
    Try
        tNum = CDbl(tText)
    Catch ex As Exception
        MsgBox("请检查是否输入了其他字符!", MsgBoxStyle.Information, "提示
        信息:")
    End Try
End Sub
```

6.4.2 设计管理主界面

管理主界面的设计效果如图 6-8 所示。

在界面上边依次拖入 1 个菜单控件 MainMenu，并对菜单项进行设置，界面如图 6-9 所示。

然后在下面拖入 1 个 ToolBar 控件，设计界面如图 6-10 所示。

编辑该 ToolBar 控件的按钮属性，设置功能按钮，界面如图 6-11 所示。

在左边拖入 1 个 Panel 控件，用于设计左边管理目录部分，效果如图 6-12 所示。

依次拖入 3 个 PictureBox 控件用于管理目录标题的背景，再拖入 3 个 Label 控件，

图 6-8 管理主界面

用于显示"合同管理部分""管理普通信息""系统管理"文本。每一个管理子目录的设计
步骤为：先拖入 1 个 PictureBox 控件，用于显示背景；再依次拖入 Label 控件，用于显示
各管理项。效果如图 6-13 所示。

在右下侧拖入 1 个 Panel 控件；再拖入 1 个 Timer 控件，该控件是不可见控件，用于
显示系统时间。

图 6-10　工具按钮

图 6-9　"文件"菜单

图 6-11　编辑工具按钮

图 6-12　管理目录

图 6-13　"合同管理部分"管理目录

首先编写下拉菜单选项的单击事件的代码，"欢迎界面"下拉菜单项的单击事件代码如下。

代码 6-2："欢迎界面"下拉菜单项的单击事件

```
Private Sub mnuFileWelcome_Click(ByVal sender As System.Object, ByVal e
As System.EventArgs) Handles mnuFileWelcome.Click
    Me.palLogo.Visible = False
    Me.palCusFindPrint.Visible = False
    Me.palConFindPrint.Visible = False
    Me.palStock.Visible = False
    Me.palLogo.Top = 4
    Me.palLogo.Left = 4
    Me.palLogo.Visible = True
End Sub
```

"合同统计"下拉菜单项的单击事件代码如下。

代码 6-3："合同统计"下拉菜单项的单击事件

```
Private Sub mnuFileSum_Click(ByVal sender As System.Object, ByVal e As
System.EventArgs) Handles mnuFileSum.Click
    Dim myConSum As New frmConSum
    myConSum.ShowDialog()
End Sub
```

"系统设置"下拉菜单项的单击事件代码如下。

代码 6-4："系统设置"下拉菜单项的单击事件

```
Private Sub mnuFileSetting_Click(ByVal sender As System.Object, ByVal e
As System.EventArgs) Handles mnuFileSetting.Click
    Dim mySetting As New frmSetting
    mySetting.ShowDialog()
End Sub
```

"系统信息"下拉菜单项的单击事件代码如下。

代码 6-5："系统信息"下拉菜单项的单击事件

```
Private Sub mnuFileSystemInfo_Click(ByVal sender As System.Object,
ByVal e As System.EventArgs) Handles mnuFileSystemInfo.Click
    Shell("C:\Program Files\Common Files\Microsoft Shared\MSInfo\
    msinfo32.exe", AppWinStyle.NormalFocus)
End Sub
```

"帮助"下拉菜单项的单击事件代码如下。

代码 6-6："帮助"下拉菜单项的单击事件

```
Private Sub mnuFileHelp_Click(ByVal sender As System.Object, ByVal e As
System.EventArgs) Handles mnuFileHelp.Click
    Help.ShowHelpIndex(Me, "Help.chm")
End Sub
```

"关于"下拉菜单项的单击事件代码如下。

代码 6-7: "关于"下拉菜单项的单击事件

```
Private Sub mnuFileAbout_Click(ByVal sender As System.Object, ByVal e
As System.EventArgs) Handles mnuFileAbout.Click
    Dim myAbout As New frmAbout
    myAbout.ShowDialog()
End Sub
```

编写 ToolBar 控件的 ButtonClick 事件，代码如下。

代码 6-8: ToolBar 控件的 ButtonClick 事件

```
Private Sub tbMain_ButtonClick(ByVal sender As System.Object, ByVal e
As System.Windows.Forms.ToolBarButtonClickEventArgs) Handles tbMain.
ButtonClick
    If e.Button Is tbMainWelcome Then
        Me.palLogo.Visible = False
        Me.palCusFindPrint.Visible = False
        Me.palConFindPrint.Visible = False
        Me.palStock.Visible = False
        Me.palLogo.Top = 4
        Me.palLogo.Left = 4
        Me.palLogo.Visible = True
    End If
    If e.Button Is tbMainSum Then
        Dim myConSum As New frmConSum
        myConSum.ShowDialog()
    End If
    If e.Button Is tbMainInfo Then
        Shell("C:\Program Files\Common Files\Microsoft Shared\MSInfo\
        msinfo32.exe", AppWinStyle.NormalFocus)
    End If
    If e.Button Is tbMainSetting Then
        Dim mySetting As New frmSetting
        mySetting.ShowDialog()
    End If
    If e.Button Is tbMainHelp Then
        Help.ShowHelpIndex(Me, "Help.chm")
    End If
    If e.Button Is tbMainAbout Then
        Dim myAbout As New frmAbout
        myAbout.ShowDialog()
    End If
    If e.Button Is tbMainExit Then
        Me.Close()
    End If
End Sub
```

编写 Timer 控件的 Timer_Tick 事件，代码如下。

代码 6-9: Timer 控件的 Timer_Tick 事件

```
Private Sub timMain_Tick(ByVal sender As System.Object, ByVal e As
System.EventArgs) Handles timMain.Tick
```

```
        sbMain.Panels(1).Text = Now
End Sub
```

6.4.3 设计关于信息界面 frmAbout.vb

关于信息界面的设计效果如图 6-14 所示。

该界面的设计步骤为：首先拖入 1 个 PictureBox 控件，用于显示一张图片；然后拖入 1 个 Label 控件，用于显示文本。

双击"确定"按钮，进入该按钮的单击事件，编写代码如下。

代码 6-10："确定"按钮的单击事件

```
Private Sub btnOK_Click(ByVal sender As System.Object, ByVal e As
System.EventArgs) Handles btnOK.Click
    Me.Close()
End Sub
```

图 6-14 关于信息界面

6.4.4 设计添加合同信息界面 frmConAdd.vb

添加合同界面的设计效果如图 6-15 所示。

图 6-15 添加合同界面

该界面的设计步骤为：在左侧拖入 1 个 PictureBox 控件用于显示图片，在右边依次拖入两个 GroupBox 控件，分别用于显示"基本信息"模块和"订单信息"模块。

在"基本信息"模块中依次拖入多个 Label 控件用于显示对应的文本，以及 1 个 TextBox 控件、3 个 ComboBox 控件和 1 个 DateTimePicker 控件；再拖入 1 个 Button 控件作为"查看客户信息"按钮。

在"订单信息"模块中依次拖入多个 Label 控件，用于显示对应的文本；再拖入 1 个 ComboBox 控件、1 个 NumericUpDown 控件、3 个 TextBox 控件、1 个 DataGrid 控件。最后拖入 2 个 Button 控件，分别作为"添加"和"删除"按钮。

在下面拖入 3 个 Button 控件，作为"添加""重置"和"关闭"按钮。最后拖入一个 Dataset 控件，用于绑定上边的 DataGrid 控件。

进入该界面的代码文件，首先定义全局变量：

```
Dim changeAble As Boolean = False
```

编写该界面的 Form_Load 事件，代码如下。

代码 6-11：Form_Load 事件

```
Private Sub frmConAdd_Load(ByVal sender As System.Object, ByVal e As
System.EventArgs) Handles MyBase.Load
    Me.txtConID.Enabled = False
    Me.txtConID.Text = " 自动 "
    Me.txtConInprice.Enabled = False
    Me.txtConSum.Enabled = False
    Me.txtConSum.Text = "0"
    Me.txtConInprice.Text = "0"
    Me.labConCustomerLevel.Text = ""
        ' 获取客户信息
    Dim myConn As OleDbConnection = New OleDbConnection(strConn)
    Dim myComm As OleDbCommand = New OleDbCommand
    myComm.Connection = myConn
    myComm.CommandText = "SELECT name FROM customer"
    Dim myReader As OleDbDataReader
    myConn.Open()
    myReader = myComm.ExecuteReader()
    While myReader.Read
        cbConCustomer.Items.Add(myReader.GetString(0))
    End While
    myConn.Close()
    ' 获取成品信息
    Dim pmyConn As OleDbConnection = New OleDbConnection(strConn)
    Dim pmyComm As OleDbCommand = New OleDbCommand
    pmyComm.Connection = pmyConn
    pmyComm.CommandText = "SELECT name FROM product"
    Dim pmyReader As OleDbDataReader
    pmyConn.Open()
    pmyReader = pmyComm.ExecuteReader()
    While pmyReader.Read
        cbStockProname.Items.Add(pmyReader.GetString(0))
    End While
    pmyConn.Close()
    ' 删除临时库存记录
    Dim tmyConn As OleDbConnection = New OleDbConnection(strConn)
    Dim tmyComm As OleDbCommand = New OleDbCommand
    tmyComm.Connection = tmyConn
    tmyComm.CommandText = "DELETE * FROM stocktemp"
    tmyConn.Open()
    tmyComm.ExecuteNonQuery()
    tmyConn.Close()
    ' 初始化订单信息
```

```
    Dim sqlStr As String = "SELECT tindex,proname,tnumber,price FROM
    stocktemp"
    Dim conConn As New OleDbConnection(strConn)
    Dim conComm As New OleDbCommand(sqlStr, conConn)
    Dim myDa As New OleDbDataAdapter
    myDa.SelectCommand = conComm
    Dim myDs As New DataSet
    myDa.Fill(myDs, "stocktemp")
    dgCon.DataSource = myDs.Tables("stocktemp")
    conConn.Close()
End Sub
```

双击"关闭"按钮，进入该按钮的单击事件，编写代码如下。

代码 6-12："关闭"按钮的单击事件

```
Private Sub btnCancel_Click(ByVal sender As System.Object, ByVal e As
System.EventArgs) Handles btnCancel.Click
    If changeAble = True Then
        Dim temp As MsgBoxResult
    temp = MsgBox("输入的信息未保存，要关闭吗?", MsgBoxStyle.YesNo, "提示信息:")
        If temp = MsgBoxResult.No Then
            Exit Sub
        Else
        End If
    Else
        Me.Close()
    End If
    Me.Close()
End Sub
```

双击"重置"按钮，进入该按钮的单击事件，编写代码如下。

代码 6-13："重置"按钮的单击事件

```
Private Sub btnReset_Click(ByVal sender As System.Object, ByVal e As
System.EventArgs) Handles btnReset.Click
    Me.cbConType.SelectedIndex = -1
    Me.cbConCustomer.SelectedIndex = -1
    Me.cbConPaytype.SelectedIndex = -1
    Me.cbStockProname.SelectedIndex = -1
    Me.nudStockNumber.Value = 1
    Me.txtStockPrice.Text = ""
    Me.txtConInprice.Text = "0"
    Me.txtConSum.Text = ""
    Me.labConCustomerLevel.Text = ""
    Me.dtpCon.Value = Date.Today
    '删除临时库存记录
    Dim tmyConn As OleDbConnection = New OleDbConnection(strConn)
    Dim tmyComm As OleDbCommand = New OleDbCommand
    tmyComm.Connection = tmyConn
    tmyComm.CommandText = "delete * from stocktemp"
    tmyConn.Open()
```

```
        tmyComm.ExecuteNonQuery()
        tmyConn.Close()
        ' 初始化订单信息
        Dim sqlStr As String = "select tindex,proname,tnumber,price from
        stocktemp"
        Dim conConn As New OleDbConnection(strConn)
        Dim conComm As New OleDbCommand(sqlStr, conConn)
        Dim myDa As New OleDbDataAdapter
        myDa.SelectCommand = conComm
        Dim myDs As New DataSet
        myDa.Fill(myDs, "stocktemp")
        dgCon.DataSource = myDs.Tables("stocktemp")
        conConn.Close()
    End Sub
```

双击界面最下边的"添加"按钮，进入该按钮的单击事件，编写代码如下。

代码 6-14："添加"按钮的单击事件

```
Private Sub btnAdd_Click(ByVal sender As System.Object, ByVal e As
System.EventArgs) Handles btnAdd.Click
    If Me.cbConType.SelectedIndex = -1 Then
        MsgBox(" 合同类型不能为空 !", MsgBoxStyle.Information, " 提示信息 ")
        Exit Sub
    End If
    If Me.cbConCustomer.SelectedIndex = -1 Then
        MsgBox(" 合同对象不能为空 !", MsgBoxStyle.Information, " 提示信息 ")
        Exit Sub
    End If
    If Me.cbConPaytype.SelectedIndex = -1 Then
        MsgBox(" 付款方式不能为空 !", MsgBoxStyle.Information, " 提示信息 ")
        Exit Sub
    End If
    If CDbl(Me.txtConSum.Text) = 0 Then
        MsgBox(" 订单信息不能为空 !", MsgBoxStyle.Information, " 提示信息 ")
        Exit Sub
    End If
    ' 获取合同编号
    Dim myConn As OleDbConnection = New OleDbConnection(strConn)
    Dim myComm As OleDbCommand = New OleDbCommand
    myComm.Connection = myConn
    myComm.CommandText = "select max(id) from contract"
    Dim myReader As OleDbDataReader
    myConn.Open()
    Dim maxIDTemp As Long
    Dim maxId As Object = myComm.ExecuteScalar()
    If maxId Is System.DBNull.Value Then
        maxIDTemp = 10000001
    Else
        Dim strid As String
        strid = CStr(maxId)
        maxIDTemp = CInt(strid)
```

```
        maxIDTemp = maxIDTemp + 1
End If
myConn.Close()
'更新合同表
Dim saveComm As OleDbCommand = New OleDbCommand
saveComm.CommandText = "INSERT INTO contract (id,ctype,customer,cs
um,paytype,signdate) VALUES (@id,@ctype,@customer,@csum,@paytype,@
signdate)"
saveComm.Connection = myConn
saveComm.Parameters.AddWithValue("@id", maxIDTemp)
saveComm.Parameters.AddWithValue("@ctype", Me.cbConType.SelectedItem)
saveComm.Parameters.AddWithValue("@customer", Me.cbConCustomer.
SelectedItem)
saveComm.Parameters.AddWithValue("@csum", CDbl(Me.txtConSum.Text))
saveComm.Parameters.AddWithValue("@paytype", Me.cbConPaytype.
SelectedItem)
saveComm.Parameters.AddWithValue("@signdate", Me.dtpCon.Text)
myConn.Open()
Try
    saveComm.ExecuteNonQuery()
Catch ex As Exception
    MsgBox(Err.Description, MsgBoxStyle.Information)
End Try
myConn.Close()
'更新库存表
Dim tProname As String
Dim tNumber As Long
Dim tPrice As Double
Dim i As Integer
Dim g As Integer
Dim stockTempComm As OleDbCommand = New OleDbCommand
stockTempComm.Connection = myConn
stockTempComm.CommandText = "SELECT count(tindex) FROM stocktemp"
myConn.Open()
Dim count As Object = stockTempComm.ExecuteScalar()
g = CInt(count)
myConn.Close()
Dim stockComm As OleDbCommand = New OleDbCommand
stockComm.Connection = myConn
stockComm.CommandText = "INSERT INTO stock (contract,stype,proname,
snumber,price) VALUES (@contract,@stype,@proname,@snumber,@price)"
myConn.Open()
For i = 0 To g - 1
    tProname = CStr(dgCon.Item(i, 1))
    tNumber = CLng(dgCon.Item(i, 2))
    tPrice = CSng(dgCon.Item(i, 3))
    stockComm.Parameters.AddWithValue("@contract", maxIDTemp)
    stockComm.Parameters.AddWithValue("@stype", Me.cbConType.
    SelectedItem)
    stockComm.Parameters.AddWithValue("@proname", tProname)
```

```
        stockComm.Parameters.AddWithValue("@snumber", tNumber)
        stockComm.Parameters.AddWithValue("@price", tPrice)
        Try
            stockComm.ExecuteNonQuery()
        Catch ex As Exception
            MsgBox(Err.Description)
        End Try
        stockComm.Parameters.Clear()
    Next
    myConn.Close()
    MsgBox("合同添加成功，合同号为："& maxIDTemp, MsgBoxStyle.Information,
"提示信息")
    Me.Close()
End Sub
```

双击"订单信息"部分的"添加"按钮，进入该按钮的单击事件，编写代码如下。

代码 6-15："添加"按钮的单击事件

```
Private Sub btnStockTempAdd_Click(ByVal sender As System.Object, ByVal
e As System.EventArgs) Handles btnStockTempAdd.Click
    If Me.cbStockProname.SelectedIndex = -1 Then
        MsgBox("产品名称不能为空!", MsgBoxStyle.Information, "提示信息")
        Exit Sub
    End If
    If Me.txtStockPrice.Text = "" Then
        MsgBox("产品单价不能为空!", MsgBoxStyle.Information, "提示信息")
        Exit Sub
    End If
    changeAble = True
    stockTemp = stockTemp + 1
    Dim myConn As OleDbConnection = New OleDbConnection(strConn)
    Dim myComm As OleDbCommand = New OleDbCommand
    myComm.Connection = myConn
    myComm.CommandText = "insert into stocktemp (tindex,
proname,tnumber,price) values (@tindex,@proname,@tnumber,@price)"
    myComm.Parameters.AddWithValue("@tindex", stockTemp)
    myComm.Parameters.AddWithValue("@proname", cbStockProname.
SelectedItem)
    myComm.Parameters.AddWithValue("@tnumber", CLng(nudStockNumber.
Value))
    myComm.Parameters.AddWithValue("@price", CSng(txtStockPrice.Text))
    myConn.Open()
    Try
        myComm.ExecuteNonQuery()
    Catch ex As Exception
MsgBox("产品重复添加，请查看您输入的信息!", MsgBoxStyle.Information, "提示信息")
    End Try
    myConn.Close()
    '计算交易金额
    Dim tNumber As Long
```

```
        Dim tPrice As Single
        Dim tSum As Double = 0
        Dim tConn As New OleDbConnection(strConn)
        Dim tComm As New OleDbCommand
        tComm.Connection = tConn
        tComm.CommandText = "SELECT tnumber,price FROM stocktemp"
        Dim tReader As OleDbDataReader
        tConn.Open()
        tReader = tComm.ExecuteReader
        While tReader.Read
            tNumber = tReader.GetInt32(0)
            tPrice = tReader.GetFloat(1)
            tSum = tSum + tNumber * tPrice
        End While
        Dim tDou As Double = (1 - CSng(txtConInprice.Text)) * tSum
        txtConSum.Text = Format(tDou, "0.00")
        tConn.Close()
        ' 更新订单信息
        Dim sqlStr As String = "SELECT tindex,proname,tnumber,price FROM
        stocktemp"
        Dim conConn As New OleDbConnection(strConn)
        Dim conComm As New OleDbCommand(sqlStr, conConn)
        Dim myDa As New OleDbDataAdapter
        myDa.SelectCommand = conComm
        Dim myDs As New DataSet
        myDa.Fill(myDs, "stocktemp")
        dgCon.DataSource = myDs.Tables("stocktemp")
        conConn.Close()
    End Sub
```

双击"查看客户信息"按钮，进入该按钮的单击事件，编写代码如下。

代码 6-16："查看客户信息"按钮的单击事件

```
Private Sub btnConCustomerView_Click(ByVal sender As System.Object,
ByVal e As System.EventArgs) Handles btnConCustomerView.Click
    If Me.cbConCustomer.SelectedIndex = -1 Then
        Exit Sub
    End If
    Try
        Dim myConn As OleDbConnection = New OleDbConnection(strConn)
        Dim myComm As OleDbCommand = New OleDbCommand
        myComm.Connection = myConn
        myComm.CommandText = "SELECT id,address,phone,banknumber FROM
        customer WHERE name = @name"
        myComm.Parameters.AddWithValue("@name", Me.cbConCustomer.
        SelectedItem)
        Dim myReader As OleDbDataReader
        myConn.Open()
        Dim tID As Long
        Dim tPhone As String
```

```
    Dim tAddress As String
    Dim tBankNumber As Object
    myReader = myComm.ExecuteReader()
    While myReader.Read
        tID = myReader.GetInt32(0)
        tAddress = myReader.GetString(1)
        tPhone = myReader.GetString(2)
        tBankNumber = myReader.GetString(3)
    End While
    myConn.Close()
    MsgBox("客户编号: " & tID & Chr(10) & "客户姓名: " & Me.cbConCustomer.
    SelectedItem & Chr(10) & "客户电话: " & tPhone & Chr(10) & "客户地址:
    " & tAddress & Chr(10) & "银行账号: " & tBankNumber, MsgBoxStyle.
    Information, "提示信息 ")
    Catch ex As Exception
        MsgBox(Err.Description)
    End Try
End Sub
```

编写"合同对象"下拉菜单的 SelectedIndexChanged 事件，代码如下。

代码 6-17："合同对象"下拉菜单的 SelectedIndexChanged 事件

```
Private Sub cbConCustomer_SelectedIndexChanged(ByVal sender As
System.Object, ByVal e As System.EventArgs) Handles cbConCustomer.
SelectedIndexChanged
    If Me.cbConCustomer.SelectedIndex = -1 Then
        Exit Sub
    End If
    changeAble = True
    Try
        Dim myConn As OleDbConnection = New OleDbConnection(strConn)
        Dim myComm As OleDbCommand = New OleDbCommand
        myComm.Connection = myConn
        myComm.CommandText = "SELECT clevel FROM customer WHERE name =
        @name"
        Dim myReader As OleDbDataReader
        myConn.Open()
        myComm.Parameters.AddWithValue("@name", cbConCustomer.
        SelectedItem)
        myReader = myComm.ExecuteReader()
        While myReader.Read
            Me.labConCustomerLevel.Text = myReader.GetString(0)
        End While
        myConn.Close()
    Catch ex As Exception
        MsgBox(Err.Description)
    End Try
    If Me.labConCustomerLevel.Text = " ★☆☆☆ " Then
        Me.txtConInprice.Text = "0.05"
    ElseIf Me.labConCustomerLevel.Text = " ★★☆☆ " Then
```

```
        Me.txtConInprice.Text = "0.1"
    ElseIf Me.labConCustomerLevel.Text = "★★★☆" Then
        Me.txtConInprice.Text = "0.15"
    ElseIf Me.labConCustomerLevel.Text = "★★★★" Then
        Me.txtConInprice.Text = "0.2"
    End If
    '计算交易金额
    Dim tNumber As Long
    Dim tPrice As Single
    Dim tSum As Double = 0
    Dim tConn As New OleDbConnection(strConn)
    Dim tComm As New OleDbCommand
    tComm.Connection = tConn
    tComm.CommandText = "SELECT tnumber,price FROM stocktemp"
    Dim tReader As OleDbDataReader
    tConn.Open()
    tReader = tComm.ExecuteReader
    While tReader.Read
        tNumber = tReader.GetInt32(0)
        tPrice = tReader.GetFloat(1)
        tSum = tSum + tNumber * tPrice
    End While
    Dim tDou As Double = (1 - CSng(txtConInprice.Text)) * tSum
    txtConSum.Text = Format(tDou, "0.00")
    tConn.Close()
End Sub
```

编写"合同类型"下拉菜单的 SelectedIndexChanged 事件，代码如下。

代码 6-18："合同类型"下拉菜单的 SelectedIndexChanged 事件

```
Private Sub cbConType_SelectedIndexChanged(ByVal sender As
System.Object, ByVal e As System.EventArgs) Handles cbConType.
SelectedIndexChanged
    changeAble = True
End Sub
```

编写"付款方式"下拉菜单的 SelectedIndexChanged 事件，代码如下。

代码 6-19："付款方式"下拉菜单的 SelectedIndexChanged 事件

```
Private Sub cbConPaytype_SelectedIndexChanged(ByVal sender As
System.Object, ByVal e As System.EventArgs) Handles cbConPaytype.
SelectedIndexChanged
    changeAble = True
End Sub
```

编写 NumebericUpDown 控件的 ValueChanged 事件，代码如下。

代码 6-20：NumebericUpDown 控件的 ValueChanged 事件

```
Private Sub nudStockNumber_ValueChanged(ByVal sender As System.Object,
ByVal e As System.EventArgs) Handles nudStockNumber.ValueChanged
```

```
        If nudStockNumber.Value > 100000 Then
            MsgBox("超出数量限定!", MsgBoxStyle.Information, "提示信息")
            nudStockNumber.Value = 100000
        Else
            If nudStockNumber.Value < 1 Then
                MsgBox("低于数量限定!", MsgBoxStyle.Information, "提示信息")
                nudStockNumber.Value = 1
            End If
        End If
    End Sub
```

编写"单价"TextBox 文本框控件的 TextChanged 事件，代码如下。

代码 6-21："单价"Text Box 文本框控件的 TextChanged 事件

```
Private Sub txtStockPrice_TextChanged(ByVal sender As System.Object,
ByVal e As System.EventArgs) Handles txtStockPrice.TextChanged
    modMain.checkNum(txtStockPrice)
End Sub
```

双击"删除"按钮，进入该按钮的单击事件，代码如下。

代码 6-22："删除"按钮的单击事件

```
Private Sub btnStockTempDelete_Click(ByVal sender As System.Object,
ByVal e As System.EventArgs) Handles btnStockTempDelete.Click
    If dgCon.CurrentRowIndex = -1 Then
        Exit Sub
    End If
    Dim tMsg As MsgBoxResult
    Dim numTemp As Integer
    numTemp = dgCon.CurrentRowIndex
    Dim numTemp2 As Integer
    numTemp = dgCon.Item(numTemp, 0)
    tMsg = MsgBox("确实要删除索引号为 < " & numTemp & " > 的订单记录?",
    MsgBoxStyle.YesNo, "提示信息")
    If tMsg = MsgBoxResult.No Then
        Exit Sub
    End If
    Dim myConn As OleDbConnection = New OleDbConnection(strConn)
    Dim myComm As OleDbCommand = New OleDbCommand
    myComm.Connection = myConn
    myComm.CommandText = "DELETE FROM stocktemp WHERE tindex = @tindex"
    myComm.Parameters.AddWithValue(„@tindex ", numTemp)
    myConn.Open()
    myComm.ExecuteNonQuery()
    myConn.Close()
    '计算交易金额
    Dim tNumber As Long
    Dim tPrice As Single
    Dim tSum As Double = 0
    Dim tConn As New OleDbConnection(strConn)
    Dim tComm As New OleDbCommand
```

```
tComm.Connection = tConn
tComm.CommandText = "SELECT tnumber,price FROM stocktemp"
Dim tReader As OleDbDataReader
tConn.Open()
tReader = tComm.ExecuteReader
While tReader.Read
    tNumber = tReader.GetInt32(0)
    tPrice = tReader.GetFloat(1)
    tSum = tSum + tNumber * tPrice
End While
Dim tDou As Double = (1 - CSng(txtConInprice.Text)) * tSum
txtConSum.Text = Format(tDou, "0.00")
tConn.Close()
'更新订单信息
Dim sqlStr As String = "SELECT tindex,proname,tnumber,price FROM
stocktemp"
Dim conConn As New OleDbConnection(strConn)
Dim conComm As New OleDbCommand(sqlStr, conConn)
Dim myDa As New OleDbDataAdapter
myDa.SelectCommand = conComm
Dim myDs As New DataSet
myDa.Fill(myDs, "stocktemp")
dgCon.DataSource = myDs.Tables("stocktemp")
conConn.Close()
End Sub
```

6.4.5 设计管理合同信息界面 frmConModify.vb

管理合同界面的设计界面如图 6-16 所示。

图 6-16 管理合同界面

该界面的设计步骤为：首先拖入 1 个 PictureBox 控件，用于显示左边的图片；再拖入 2 个 GroupBox 控件，分别用于显示"基本信息修改"和"订单信息修改"；在最下面拖入 3 个 Button 控件，分别用于"修改""删除"和"关闭"按钮。

"基本信息修改"部分的设计步骤：首先拖入多个 Label 控件，用于显示对应的文本；再依次拖入 4 个 ComboBox 控件，分别用于"合同编号""合同类型""合同对象"和"付款方式"；拖入 1 个 DateTimePicker 控件，用于选择时间；再拖入 1 个 Button 控件，用于"查看客户信息"按钮。

"订单信息修改"部分的设计步骤：首先拖入多个 Lable 控件，用于显示对应的文本；拖入 1 个 ComboBox 控件，用于"产品名称"；拖入 1 个 NumericUpDown 控件，用于选择"数量"；依次拖入 3 个文本框控件，分别用于"单价""折扣率"和"交易金额"；再拖入 1 个 DataGrid 控件，用于绑定数据；最后拖入 2 个 Button 控件，分别用于"添加"和"删除"按钮。

进入该界面的代码文件，首先编写 Form_Load 事件的代码，代码如下。

代码 6-23：Form_Load 事件

```
Private Sub frmConModify_Load(ByVal sender As System.Object, ByVal e As
System.EventArgs) Handles MyBase.Load
    '删除临时库存记录
    Dim tmyConn As OleDbConnection = New OleDbConnection(strConn)
    Dim tmyComm As OleDbCommand = New OleDbCommand
    tmyComm.Connection = tmyConn
    tmyComm.CommandText = "DELETE * FROM stocktemp"
    tmyConn.Open()
    tmyComm.ExecuteNonQuery()
    tmyConn.Close()
    Dim myConn As OleDbConnection = New OleDbConnection(strConn)
    Dim myComm As OleDbCommand = New OleDbCommand
    myComm.Connection = myConn
    myComm.CommandText = "SELECT id FROM contract WHERE factor = false"
    Dim myReader As OleDbDataReader
    myConn.Open()
    myReader = myComm.ExecuteReader()
    While myReader.Read
        cbConID.Items.Add(myReader.GetInt32(0))
    End While
    myConn.Close()
    Me.txtConSum.Enabled = False
    Me.labConCustomerLevel.Text = ""
    Me.txtConInprice.Enabled = False
    '获取客户信息
    Dim cmyComm As OleDbCommand = New OleDbCommand
    cmyComm.Connection = myConn
    cmyComm.CommandText = "SELECT name FROM customer"
    Dim cmyReader As OleDbDataReader
    myConn.Open()
    cmyReader = cmyComm.ExecuteReader()
    While cmyReader.Read
        cbConCustomer.Items.Add(cmyReader.GetString(0))
    End While
    myConn.Close()
    '获取成品名称
```

```
        Dim pmyConn As OleDbConnection = New OleDbConnection(strConn)
        Dim pmyComm As OleDbCommand = New OleDbCommand
        pmyComm.Connection = pmyConn
        pmyComm.CommandText = "SELECT name FROM product"
        Dim pmyReader As OleDbDataReader
        pmyConn.Open()
        pmyReader = pmyComm.ExecuteReader()
        While pmyReader.Read
            cbStockProname.Items.Add(pmyReader.GetString(0))
        End While
        pmyConn.Close()
    End Sub
```

编写"合同编号"下拉菜单的 SelectedIndexChanged 事件的代码，代码如下。

代码 6-24："合同编号"下拉菜单的 SelectedIndexChanged 事件

```
Private Sub cbConID_SelectedIndexChanged(ByVal sender As System.Object,
ByVal e As System.EventArgs) Handles cbConID.SelectedIndexChanged
    If cbConID.SelectedIndex = -1 Then
        Exit Sub
    End If
    ' 删除临时库存记录
    Dim tmyConn As OleDbConnection = New OleDbConnection(strConn)
    Dim tmyComm As OleDbCommand = New OleDbCommand
    tmyComm.Connection = tmyConn
    tmyComm.CommandText = "DELETE * FROM stocktemp"
    tmyConn.Open()
    tmyComm.ExecuteNonQuery()
    tmyConn.Close()
    Dim myConn As OleDbConnection = New OleDbConnection(strConn)
    Dim myComm As OleDbCommand = New OleDbCommand
    myComm.Connection = myConn
    myComm.CommandText = "SELECT * FROM contract WHERE id = " &
cbConID.SelectedItem
    Dim myReader As OleDbDataReader
    myConn.Open()
    myReader = myComm.ExecuteReader()
    While myReader.Read
        cbConType.SelectedItem = myReader.GetString(1)
        cbConCustomer.SelectedItem = myReader.GetString(2)
        txtConSum.Text = myReader.GetDouble(3)
        cbConPaytype.SelectedItem = myReader.GetString(4)
        dtpCon.Text = myReader.GetDateTime(6)
    End While
    myConn.Close()
    ' 订单信息
    Dim sqlStr As String = "SELECT proname,snumber,price FROM stock
WHERE contract = " & "'" & Me.cbConID.SelectedItem & "'"
    Dim conConn As New OleDbConnection(strConn)
    Dim conComm As New OleDbCommand(sqlStr, conConn)
    Dim myDa As New OleDbDataAdapter
```

```
    myDa.SelectCommand = conComm
    Dim myDs As New DataSet
    myDa.Fill(myDs, "stock")
    dgCon.DataSource = myDs.Tables("stock")
    conConn.Close()
    '将订单信息加入临时库存
    Dim tProname As String
    Dim tNumber As Long
    Dim tPrice As Double
    Dim i As Integer
    Dim g As Integer
    Dim stockTempComm As OleDbCommand = New OleDbCommand
    stockTempComm.Connection = myConn
    stockTempComm.CommandText = "SELECT count(proname) FROM stock WHERE
    contract = " & "'" & Me.cbConID.SelectedItem & "'"
    myConn.Open()
    Dim count As Object = stockTempComm.ExecuteScalar()
    g = CInt(count)
    myConn.Close()
    Dim stockComm As OleDbCommand = New OleDbCommand
    stockComm.Connection = myConn
    stockComm.CommandText = "INSERT INTO stocktemp (tindex,
    proname,tnumber,price) VALUSES (@tindex,@proname,@tnumber,@price)"
    myConn.Open()
    For i = 0 To g - 1
        stockTemp = stockTemp + 1
        tProname = CStr(dgCon.Item(i, 0))
        tNumber = CLng(dgCon.Item(i, 1))
        tPrice = CSng(dgCon.Item(i, 2))
        stockComm.Parameters.AddWithValue("@tindex", stockTemp)
        stockComm.Parameters.AddWithValue("@proname", tProname)
        stockComm.Parameters.AddWithValue("@tnumber", tNumber)
        stockComm.Parameters.AddWithValue("@price", tPrice)
        Try
            stockComm.ExecuteNonQuery()
        Catch ex As Exception
            MsgBox(Err.Description)
        End Try
        stockComm.Parameters.Clear()
    Next
    myConn.Close()
End Sub
```

编写"合同对象"下拉菜单的 SelectedIndexChanged 事件的代码，代码如下。

代码 6-25："合同对象"下拉菜单的 SelectedIndexChanged 事件

```
Private Sub cbConCustomer_SelectedIndexChanged(ByVal sender As
System.Object, ByVal e As System.EventArgs) Handles cbConCustomer.
SelectedIndexChanged
    If Me.cbConCustomer.SelectedIndex = -1 Then
```

```
        Exit Sub
    End If
    Try
        Dim myConn As OleDbConnection = New OleDbConnection(strConn)
        Dim myComm As OleDbCommand = New OleDbCommand
        myComm.Connection = myConn
        myComm.CommandText = "SELECT clevel FROM customer WHERE name =
        @name"
        Dim myReader As OleDbDataReader
        myConn.Open()
        myComm.Parameters.AddWithValue("@name", cbConCustomer.
        SelectedItem)
        myReader = myComm.ExecuteReader()
        While myReader.Read
            Me.labConCustomerLevel.Text = myReader.GetString(0)
        End While
        myConn.Close()
    Catch ex As Exception
        MsgBox(Err.Description)
    End Try
    If Me.labConCustomerLevel.Text = " ★☆☆☆ " Then
        Me.txtConInprice.Text = "0.05"
    ElseIf Me.labConCustomerLevel.Text = " ★★☆☆ " Then
        Me.txtConInprice.Text = "0.1"
    ElseIf Me.labConCustomerLevel.Text = " ★★★☆ " Then
        Me.txtConInprice.Text = "0.15"
    ElseIf Me.labConCustomerLevel.Text = " ★★★★ " Then
        Me.txtConInprice.Text = "0.2"
    End If
End Sub
```

双击“查看客户信息”按钮，进入该按钮的单击事件，编写代码如下。

代码 6-26：“查看客户信息”按钮的单击事件

```
Private Sub btnConCustomerView_Click(ByVal sender As System.Object,
ByVal e As System.EventArgs) Handles btnConCustomerView.Click
    If Me.cbConCustomer.SelectedIndex = -1 Then
        Exit Sub
    End If
    Try
        Dim myConn As OleDbConnection = New OleDbConnection(strConn)
        Dim myComm As OleDbCommand = New OleDbCommand
        myComm.Connection = myConn
        myComm.CommandText = "SELECT id,address,phone,banknumber FROM
        customer WHERE name = @name"
        myComm.Parameters.AddWithValue("@name", Me.cbConCustomer.
        SelectedItem)
        Dim myReader As OleDbDataReader
        myConn.Open()
        Dim tID As Long
        Dim tPhone As String
```

```
        Dim tAddress As String
        Dim tBankNumber As Object
        myReader = myComm.ExecuteReader()
        While myReader.Read
            tID = myReader.GetInt32(0)
            tAddress = myReader.GetString(1)
            tPhone = myReader.GetString(2)
            tBankNumber = myReader.GetString(3)
        End While
        myConn.Close()
        MsgBox("客户编号: " & tID & Chr(10) & "客户姓名: " & Me.cbConCustomer.
        SelectedItem & Chr(10) & "客户电话: " & tPhone & Chr(10) & "客户地址:
        " & tAddress & Chr(10) & "银行账号: " & tBankNumber, MsgBoxStyle.
        Information, "提示信息")
    Catch ex As Exception
        MsgBox(Err.Description)
    End Try
End Sub
```

编写 "数量" 控件的 ValueChanged 事件的代码，代码如下。

代码 6-27："数量" 控件的 ValueChanged 事件

```
Private Sub nudStockNumber_ValueChanged(ByVal sender As System.Object,
ByVal e As System.EventArgs) Handles nudStockNumber.ValueChanged
    If nudStockNumber.Value > 100000 Then
        MsgBox("超出数量限定!", MsgBoxStyle.Information, "提示信息")
        nudStockNumber.Value = 100000
    Else
        If nudStockNumber.Value < 1 Then
            MsgBox("低于数量限定!", MsgBoxStyle.Information, "提示信息")
            nudStockNumber.Value = 1
        End If
    End If
End Sub
```

编写 "单价" 文本框控件的 TextChanged 事件的代码，代码如下。

代码 6-28："单价" 文本框控件的 TextChanged 事件

```
Private Sub txtStockPrice_TextChanged(ByVal sender As System.Object,
ByVal e As System.EventArgs) Handles txtStockPrice.TextChanged
    modMain.checkNum(txtStockPrice)
End Sub
```

双击 "订单信息修改" 部分的 "添加" 按钮，进入该按钮的单击事件，代码如下。

代码 6-29："添加" 按钮的单击事件

```
Private Sub btnStockTempAdd_Click(ByVal sender As System.Object, ByVal
e As System.EventArgs) Handles btnStockTempAdd.Click
    If Me.cbStockProname.SelectedIndex = -1 Then
        MsgBox("产品名称不能为空!", MsgBoxStyle.Information, "提示信息")
        Exit Sub
```

```vb
        End If
        If Me.txtStockPrice.Text = "" Then
            MsgBox("产品单价不能为空!", MsgBoxStyle.Information, "提示信息")
            Exit Sub
        End If
        stockTemp = stockTemp + 1
        Dim myConn As OleDbConnection = New OleDbConnection(strConn)
        Dim myComm As OleDbCommand = New OleDbCommand
        myComm.Connection = myConn
        myComm.CommandText = "INSERT INTO stocktemp (tindex,
proname,tnumber,price) VALUES (@tindex,@proname,@tnumber,@price)"
        myComm.Parameters.AddWithValue("@tindex", stockTemp)
        myComm.Parameters.AddWithValue("@proname", cbStockProname.
SelectedItem)
        myComm.Parameters.AddWithValue("@tnumber", CLng(nudStockNumber.
Value))
        myComm.Parameters.AddWithValue("@price", CSng(txtStockPrice.Text))
        myConn.Open()
        Try
            myComm.ExecuteNonQuery()
        Catch ex As Exception
MsgBox("产品重复添加,请查看您输入的信息!", MsgBoxStyle.Information, "提示
信息")
        End Try
        myConn.Close()
        '计算交易金额
        Dim tNumber As Long
        Dim tPrice As Single
        Dim tSum As Double = 0
        Dim tConn As New OleDbConnection(strConn)
        Dim tComm As New OleDbCommand
        tComm.Connection = tConn
        tComm.CommandText = "SELECT tnumber,price FROM stocktemp"
        Dim tReader As OleDbDataReader
        tConn.Open()
        tReader = tComm.ExecuteReader
        While tReader.Read
            tNumber = tReader.GetInt32(0)
            tPrice = tReader.GetFloat(1)
            tSum = tSum + tNumber * tPrice
        End While
        Dim tDou As Double = (1 - CSng(txtConInprice.Text)) * tSum
        txtConSum.Text = Format(tDou, "0.00")
        tConn.Close()
        '更新订单信息
        Dim sqlStr As String = "SELECT proname,tnumber,price FROM
stocktemp"
        Dim conConn As New OleDbConnection(strConn)
        Dim conComm As New OleDbCommand(sqlStr, conConn)
```

```
    Dim myDa As New OleDbDataAdapter
    myDa.SelectCommand = conComm
    Dim myDs As New DataSet
    myDa.Fill(myDs, "stocktemp")
    dgCon.DataSource = myDs.Tables("stocktemp")
    conConn.Close()
End Sub
```

双击"订单信息修改"部分的"删除"按钮，进入该按钮的单击事件，编写代码如下。

代码 6-30："删除"按钮的单击事件

```
Private Sub btnStockTempDelete_Click(ByVal sender As System.Object,
ByVal e As System.EventArgs) Handles btnStockTempDelete.Click
    If dgCon.CurrentRowIndex = -1 Then
        Exit Sub
    End If
    Dim tMsg As MsgBoxResult
    Dim numTemp As Integer
    Dim pronameTemp As String
    numTemp = dgCon.CurrentRowIndex
    Dim numTemp2 As Integer
    pronameTemp = dgCon.Item(numTemp, 0)
    tMsg = MsgBox("确实要删除产品名称为 < " & pronameTemp & " > 的订单记录?",
MsgBoxStyle.YesNo, "提示信息")
    If tMsg = MsgBoxResult.No Then
        Exit Sub
    End If
    Dim myConn As OleDbConnection = New OleDbConnection(strConn)
    Dim myComm As OleDbCommand = New OleDbCommand
    myComm.Connection = myConn
    myComm.CommandText = "DELETE from stocktemp WHERE proname = @
proname"
    myComm.Parameters.AddWithValue("proname", pronameTemp)
    myConn.Open()
    myComm.ExecuteNonQuery()
    myConn.Close()
    '计算交易金额
    Dim tNumber As Long
    Dim tPrice As Single
    Dim tSum As Double = 0
    Dim tConn As New OleDbConnection(strConn)
    Dim tComm As New OleDbCommand
    tComm.Connection = tConn
    tComm.CommandText = "SELECT tnumber,price FROM stocktemp"
    Dim tReader As OleDbDataReader
    tConn.Open()
    tReader = tComm.ExecuteReader
    While tReader.Read
        tNumber = tReader.GetInt32(0)
        tPrice = tReader.GetFloat(1)
        tSum = tSum + tNumber * tPrice
```

```
      End While
      Dim tDou As Double = (1 - CSng(txtConInprice.Text)) * tSum
      txtConSum.Text = Format(tDou, "0.00")
      tConn.Close()
      '更新订单信息
      Dim sqlStr As String = "SELECT tindex,proname,tnumber,price FROM
      stocktemp"
      Dim conConn As New OleDbConnection(strConn)
      Dim conComm As New OleDbCommand(sqlStr, conConn)
      Dim myDa As New OleDbDataAdapter
      myDa.SelectCommand = conComm
      Dim myDs As New DataSet
      myDa.Fill(myDs, "stocktemp")
      dgCon.DataSource = myDs.Tables("stocktemp")
      conConn.Close()
  End Sub
```

双击界面下边的"修改"按钮，进入该按钮的单击事件，编写代码如下。

代码 6-31："修改"按钮的单击事件

```
Private Sub btnConModify_Click(ByVal sender As System.Object, ByVal e
As System.EventArgs) Handles btnConModify.Click
    If CDbl(Me.txtConSum.Text) = 0 Then
        MsgBox("订单信息不能为空！", MsgBoxStyle.Information, "提示信息")
        Exit Sub
    End If
    '删除原有合同库存
    Dim myConn As OleDbConnection = New OleDbConnection(strConn)
    Dim myComm As OleDbCommand = New OleDbCommand
    myComm.Connection = myConn
    myComm.CommandText = "DELETE FROM stock WHERE contract = " & "'" &
    Me.cbConID.SelectedItem & "'"
    myConn.Open()
    myComm.ExecuteNonQuery()
    myConn.Close()
    '更新合同表
    Dim saveComm As OleDbCommand = New OleDbCommand
    saveComm.CommandText = "UPDATE contract SET ctype= @ctype,customer
    = @customer,csum = @csum, paytype = @paytype,signdate=@signdate
    WHERE id=" & Me.cbConID.SelectedItem
    saveComm.Connection = myConn
    saveComm.Parameters.AddWithValue("@ctype", Me.cbConType.
    SelectedItem)
    saveComm.Parameters.AddWithValue("@customer", Me.cbConCustomer.
    SelectedItem)
    saveComm.Parameters.AddWithValue("@csum", CDbl(Me.txtConSum.Text))
    saveComm.Parameters.AddWithValue("@paytype", Me.cbConPaytype.
    SelectedItem)
    saveComm.Parameters.AddWithValue("@signdate", Me.dtpCon.Text)
    myConn.Open()
    Try
```

```
            saveComm.ExecuteNonQuery()
        Catch ex As Exception
            MsgBox(Err.Description, MsgBoxStyle.Information)
        End Try
        myConn.Close()
        ' 更新库存表
        Dim tProname As String
        Dim tNumber As Long
        Dim tPrice As Double
        Dim i As Integer
        Dim g As Integer
        Dim stockTempComm As OleDbCommand = New OleDbCommand
        stockTempComm.Connection = myConn
        stockTempComm.CommandText = "SELECT COUNT(proname) FROM stocktemp"
        myConn.Open()
        Dim count As Object = stockTempComm.ExecuteScalar()
        g = CInt(count)
        myConn.Close()
        Dim stockComm As OleDbCommand = New OleDbCommand
        stockComm.Connection = myConn
        stockComm.CommandText = "INSERT INTO stock (contract,stype,proname,
        snumber,price) VALUES (@contract,@stype,@proname,@snumber,@price)"
        myConn.Open()
        For i = 0 To g - 1
            tProname = CStr(dgCon.Item(i, 0))
            tNumber = CLng(dgCon.Item(i, 1))
            tPrice = CSng(dgCon.Item(i, 2))
            stockComm.Parameters.AddWithValue("@contract", cbConID.
            SelectedItem)
            stockComm.Parameters.AddWithValue("@stype", Me.cbConType.
            SelectedItem)
            stockComm.Parameters.AddWithValue("@proname", tProname)
            stockComm.Parameters.AddWithValue("@snumber", tNumber)
            stockComm.Parameters.AddWithValue("@price", tPrice)
            Try
                stockComm.ExecuteNonQuery()
            Catch ex As Exception
                MsgBox(Err.Description)
            End Try
            stockComm.Parameters.Clear()
        Next
        myConn.Close()
        MsgBox("合同修改成功！", MsgBoxStyle.Information, "提示信息")
    End Sub
```

双击界面的下面位置的"删除"按钮，进入该按钮的单击事件，编写代码如下。

代码 6-32："删除"按钮的单击事件

```
Private Sub btnConDelete_Click(ByVal sender As System.Object, ByVal e
As System.EventArgs) Handles btnConDelete.Click
```

```
If cbConID.SelectedIndex = -1 Then
    Exit Sub
End If
Dim t As String
Dim temp As MsgBoxResult
temp = MsgBox("确实要删除此条记录吗?", MsgBoxStyle.YesNo, "提示信息:")
If temp = MsgBoxResult.Yes Then
    Dim myConn As OleDbConnection = New OleDbConnection(strConn)
    Dim myComm As OleDbCommand = New OleDbCommand
    myComm.Connection = myConn
    myComm.CommandText = "DELETE FROM contract WHERE id =@id"
    myComm.Parameters.AddWithValue("@id", CLng(cbConID.
    SelectedItem))
    t = cbConID.SelectedItem
    cbConID.Items.RemoveAt(cbConID.SelectedIndex)
    myConn.Open()
    myComm.ExecuteNonQuery()
    myConn.Close()
    cbConID.SelectedIndex = -1
    cbConCustomer.SelectedIndex = -1
    cbConType.SelectedIndex = -1
    cbConPaytype.SelectedIndex = -1
    Me.dtpCon.Value = DateTime.Today
    Me.labConCustomerLevel.Text = ""
    '订单信息
    Dim sqlStr As String = "DELETE * FROM stock WHERE contract = "
    & "'" & t & "'"
    Dim conConn As New OleDbConnection(strConn)
    Dim conComm As New OleDbCommand
    conComm.Connection = conConn
    conComm.CommandText = sqlStr
    conConn.Open()
    conComm.ExecuteNonQuery()
    conConn.Close()
    '订单信息
    Dim asqlStr As String = "SELECT proname,snumber,price FROM
    stock WHERE contract = " & "'" & Me.cbConID.SelectedItem & "'"
    Dim aconConn As New OleDbConnection(strConn)
    Dim aconComm As New OleDbCommand(asqlStr, aconConn)
    Dim myDa As New OleDbDataAdapter
    myDa.SelectCommand = aconComm
    Dim myDs As New DataSet
    myDa.Fill(myDs, "stock")
    dgCon.DataSource = myDs.Tables("stock")
    aconConn.Close()
    '删除临时库存记录
    Dim tmyConn As OleDbConnection = New OleDbConnection(strConn)
    Dim tmyComm As OleDbCommand = New OleDbCommand
    tmyComm.Connection = tmyConn
    tmyComm.CommandText = "DELETE * FROM stocktemp"
```

```
        tmyConn.Open()
        tmyComm.ExecuteNonQuery()
        tmyConn.Close()
    Else
        Exit Sub
    End If
End Sub
```

6.4.6 设计统计合同信息界面 frmConSum.vb

统计合同信息界面的设计如图 6-17 所示。

图 6-17 合同统计信息界面

该界面的设计步骤为：首先拖入 1 个 PictureBox 控件，用于显示左侧的图片；拖入多个 Label 控件，用于显示对应的文本信息；再拖入 3 个 ComboBox 控件，分别用于"年销售额查询""月销售额查询"和"合同统计"；在右侧拖入 3 个 Button 控件，作为"查询"按钮；在窗体的下面位置拖入 1 个 Button 控件，作为"关闭"按钮。

进入该界面的代码文件，首先编写窗体的 Form_Load 事件的代码，代码如下。

代码 6-33：窗体的 Form_Load 事件

```
Private Sub frmConSum_Load(ByVal sender As System.Object, ByVal e As
System.EventArgs) Handles MyBase.Load
    Me.labConSum.Text = "统计结果"
    Me.cbConSumYear.Items.Clear()
    Dim beginYear As Integer
    Dim endYear As Integer
    Try
        Dim strTemp() As String
        Dim strFileSetting As String = "setting.ini"
        Dim YearReader As StreamReader = New StreamReader
        (strFileSetting)
        YearReader.ReadLine()
        YearReader.ReadLine()
        strTemp = YearReader.ReadLine().Split(" ")
        beginYear = strTemp(1).Trim
```

```
        strTemp = YearReader.ReadLine().Split(" ")
        endYear = strTemp(1).Trim
        YearReader.Close()
        YearReader = Nothing
    Catch ex As Exception
        MsgBox(Err.Description)
        MsgBox("读取起止统计年份失败!", MsgBoxStyle.Information, "提示信息")
    End Try
    Dim i As Integer
    For i = 0 To endYear - beginYear
        Me.cbConSumYear.Items.Add(beginYear + i)
    Next
End Sub
```

编写第一个"查询"按钮的单击事件的代码如下。

代码 6-34："查询"按钮的单击事件

```
Private Sub btnConSumYear_Click(ByVal sender As System.Object, ByVal e
As System.EventArgs) Handles btnConSumYear.Click
    If Me.cbConSumYear.SelectedIndex = -1 Then
        MsgBox("请选择年份!", MsgBoxStyle.Information, "提示信息")
        Exit Sub
    End If
    Dim conNum As Long
    Dim conSum As Double
    Dim myConn As New OleDbConnection(strConn)
    Dim myComm As New OleDbCommand
    myComm.Connection = myConn
    myComm.CommandText = "SELECT COUNT(id),SUM(csum) FROM contract
WHERE factor = true AND factdate>=#" & CDate(Me.cbConSumYear.
SelectedItem & "-1-1") & "# AND " & "factdate<=#" & CDate(Me.
cbConSumYear.SelectedItem & "-12-31") & "#"
    Dim myReader As OleDbDataReader
    myConn.Open()
    myReader = myComm.ExecuteReader
    While myReader.Read
        conNum = myReader.GetInt32(0)
        If conNum = "0" Then
            conSum = 0
            Exit While
        Else
            conSum = myReader.GetDouble(1)
        End If
    End While
    myConn.Close()
    Me.labConSum.Text = "合同数目：" & conNum & "   交易金额：" & conSum
End Sub
```

编写第二个"查询"按钮的单击事件的代码如下。

代码 6-35："查询"按钮的单击事件

```
Private Sub btnConSumMonth_Click(ByVal sender As System.Object, ByVal e
As System.EventArgs) Handles btnConSumMonth.Click
    If Me.cbConSumYear.SelectedIndex = -1 Then
        MsgBox("请选择年份!", MsgBoxStyle.Information, "提示信息")
        Exit Sub
    End If
    If Me.cbConSumMonth.SelectedIndex = -1 Then
        MsgBox("请选择月份!", MsgBoxStyle.Information, "提示信息")
        Exit Sub
    End If
    Dim conNum As Long
    Dim conSum As Double
    Dim endDate As String
    Dim MonthTemp As Integer
    MonthTemp = Me.cbConSumMonth.SelectedIndex
    '1,3,5,7,8,10,12-31
    '0,2,4,6,7,9,11
    '4,6,9,11-30
    '3,5,8,10
    If MonthTemp = 0 Or MonthTemp = 2 Or MonthTemp = 4 Or MonthTemp = 6
Or MonthTemp = 7 Or MonthTemp = 9 Or MonthTemp = 11 Then
        endDate = "-31"
    ElseIf MonthTemp = 1 Then
        endDate = "-28"
    ElseIf MonthTemp = 3 Or MonthTemp = 5 Or MonthTemp = 8 Or MonthTemp
= 10 Then
        endDate = "-30"
    End If
    Dim myConn As New OleDbConnection(strConn)
    Dim myComm As New OleDbCommand
    myComm.Connection = myConn
    myComm.CommandText = "SELECT COUNT(id),SUM(csum) FROM contract
WHERE factor = true AND factdate>=#" & CDate(Me.cbConSumYear.
SelectedItem & "-" & Me.cbConSumMonth.SelectedIndex + 1 & "-1") &
"# AND " & "factdate<=#" & CDate(Me.cbConSumYear.SelectedItem & "-"
& Me.cbConSumMonth.SelectedIndex + 1 & endDate) & "#"
    Dim myReader As OleDbDataReader
    myConn.Open()
    myReader = myComm.ExecuteReader
    While myReader.Read
        conNum = myReader.GetInt32(0)
        If conNum = "0" Then
            conSum = 0
            Exit While
        Else
            conSum = myReader.GetDouble(1)
        End If
    End While
    myConn.Close()
```

```
        Me.labConSum.Text = "合同数目：" & conNum & "    交易金额：" & conSum
End Sub
```

编写第三个"查询"按钮的单击事件的代码如下。

代码 6-36："查询"按钮的单击事件

```
Private Sub btnCon_Click(ByVal sender As System.Object, ByVal e As
System.EventArgs) Handles btnCon.Click
    If cbConFact.SelectedIndex = -1 Then
        Exit Sub
    End If
    Dim factor As Boolean
    Dim conNum As Long
    Dim conSum As Double
    If cbConFact.SelectedIndex = 0 Then
        factor = True
    ElseIf cbConFact.SelectedIndex = 1 Then
        factor = False
    ElseIf cbConFact.SelectedIndex = 2 Then
        Dim myConn As New OleDbConnection(strConn)
        Dim myComm As New OleDbCommand
        myComm.Connection = myConn
        myComm.CommandText = "SELECT COUNT(id),SUM(csum) FROM contract"
        Dim myReader As OleDbDataReader
        myConn.Open()
        myReader = myComm.ExecuteReader
        While myReader.Read
            conNum = myReader.GetInt32(0)
            conSum = myReader.GetDouble(1)
        End While
        myConn.Close()
        Me.labConSum.Text = "合同数目：" & conNum & "    交易金额：" & conSum
        Exit Sub
    End If
    Dim Conn As New OleDbConnection(strConn)
    Dim Comm As New OleDbCommand
    Comm.Connection = Conn
     Comm.CommandText = "SELECT COUNT(id),SUM(csum) FROM contract WHERE
factor= @factor"
    Comm.Parameters.Add( "@factor" , factor)
    Dim Reader As OleDbDataReader
    Conn.Open()
    Reader = Comm.ExecuteReader
    While Reader.Read
        conNum = Reader.GetInt32(0)
        If conNum = 0 Then
            conSum = 0
            Exit While
        End If
        conSum = Reader.GetDouble(1)
```

```
      End While
      Conn.Close()
      Me.labConSum.Text = "合同数目：" & conNum & "　交易金额：" & conSum
End Sub
```

双击"关闭"按钮，进入该按钮的单击事件，编写代码如下。

代码 6-37："关闭"按钮的单击事件

```
Private Sub btnCancel_Click(ByVal sender As System.Object, ByVal e As
System.EventArgs) Handles btnCancel.Click
      Me.Close()
End Sub
```

6.4.7　设计添加客户信息界面 frmCusAdd.vb

添加客户信息界面的设计如图 6-18 所示。

图 6-18　添加客户信息的界面

该界面的设计步骤为：首先拖入 1 个 PictureBox 控件，用于显示左边的图片；在右边拖入 1 个 GroupBox 控件；再依次拖入多个 Label 控件，用于显示相应的文本；再拖入 TextBox 控件，用于输入对应的内容；在窗体下面位置拖入 3 个 Button 控件，分别用于"添加""重置"和"关闭"按钮。

进入该界面的代码文件，首先编写窗体的 Form_Load 事件的代码如下。

代码 6-38：窗体的 Form_Load 事件

```
Private Sub frmCusAdd_Load(ByVal sender As System.Object, ByVal e As
System.EventArgs) Handles MyBase.Load
      txtCusID.Text = "自动"
      txtCusName.Text = ""
      txtCusAddress.Text = ""
      txtCusPost.Text = ""
      txtCusPhone.Text = ""
      txtCusBankNumber.Text = ""
      txtCusDate.Text = "系统时间"
```

```
        labCusLevel.Text = ""
        txtCusID.Enabled = False
        txtCusDate.Enabled = False
    End Sub
```

编写联系电话文本框控件的 TextChanged 事件的代码如下。

代码 6-39：联系电话文本框控件的 TextChanged 事件

```
Private Sub txtCusPhone_TextChanged(ByVal sender As System.Object,
ByVal e As System.EventArgs) Handles txtCusPhone.TextChanged
    modMain.checkNum(txtCusPhone)
End Sub
```

双击"添加"按钮，进入该按钮的单击事件，编写代码如下。

代码 6-40："添加"按钮的单击事件

```
Private Sub btnAdd_Click(ByVal sender As System.Object, ByVal e As
System.EventArgs) Handles btnAdd.Click
    ' 检查输入的各字段是否符合要求
    If txtCusName.Text = "" Then
        MsgBox(" 客户姓名不可为空 !", MsgBoxStyle.Information, " 提示信息 :")
        Exit Sub
    End If
    If txtCusAddress.Text = "" Then
        MsgBox(" 客户地址不可为空 !", MsgBoxStyle.Information, " 提示信息 :")
        Exit Sub
    End If
    If txtCusPost.Text = "" Then
        MsgBox(" 客户邮编不可为空 !", MsgBoxStyle.Information, " 提示信息 :")
        Exit Sub
    End If
    If txtCusPhone.Text = "" Then
        MsgBox(" 客户电话不可为空 !", MsgBoxStyle.Information, " 提示信息 :")
        Exit Sub
    End If
    If txtCusBankNumber.Text = "" Then
        MsgBox(" 银行账号不可为空 !", MsgBoxStyle.Information, " 提示信息 :")
        Exit Sub
    End If
    Dim myConn As OleDbConnection = New OleDbConnection(strConn)
    Dim myComm As OleDbCommand = New OleDbCommand
    myComm.Connection = myConn
    myComm.CommandText = "SELECT MAX(id) FROM customer"
    Dim myReader As OleDbDataReader
    myConn.Open()
    Dim maxIDTemp As Long
    Dim maxId As Object = myComm.ExecuteScalar()
    If maxId Is System.DBNull.Value Then
        maxIDTemp = 10000001
    Else
        Dim strid As String
```

```
        strid = CStr(maxId)
        maxIDTemp = CInt(strid)
        maxIDTemp = maxIDTemp + 1
    End If
    myConn.Close()
    Dim saveComm As OleDbCommand = New OleDbCommand
    saveComm.CommandText = "INSERT INTO customer (id,name,address,post
    ,phone,banknumber,cdate,clevel) VALUES (@id,@name,@address,@post,@
    phone,@banknumber,@cdate,@clevel)"
    saveComm.Connection = myConn
    saveComm.Parameters.AddWithValue("@id", maxIDTemp)
    saveComm.Parameters.AddWithValue("@name", txtCusName.Text)
    saveComm.Parameters.AddWithValue("@address", txtCusAddress.Text)
    saveComm.Parameters.AddWithValue("@post", txtCusPost.Text)
    saveComm.Parameters.AddWithValue("@phone", txtCusPhone.Text)
    saveComm.Parameters.AddWithValue("@banknumber", txtCusBankNumber.Text)
    saveComm.Parameters.AddWithValue("@cdate", DateTime.Today)
    saveComm.Parameters.AddWithValue("@clevel", "★☆☆☆")
    myConn.Open()
    Try
        saveComm.ExecuteNonQuery()
    Catch ex As Exception
        MsgBox(Err.Description)
    End Try
    MsgBox("客户信息添加成功,客户号为: " & maxIDTemp, MsgBoxStyle.
    Information, "提示信息")
    Me.Close()
End Sub
```

双击"重置"按钮,进入该按钮的单击事件,编写代码如下。

代码 6-41:"重置"按钮的单击事件

```
Private Sub btnReset_Click(ByVal sender As System.Object, ByVal e As
System.EventArgs) Handles btnReset.Click
    txtCusID.Text = "自动"
    txtCusName.Text = ""
    txtCusAddress.Text = ""
    txtCusPost.Text = ""
    txtCusPhone.Text = ""
    txtCusBankNumber.Text = ""
    txtCusDate.Text = "系统日期"
    labCusLevel.Text = ""
End Sub
```

6.4.8 设计管理客户信息界面 frmCusModify.vb

管理客户信息界面的设计如图 6-19 所示。

该界面的设计步骤为:首先在窗体左侧拖入 1 个 PictureBox 控件,用于显示图片;在右侧拖入 1 个 GroupBox 控件;拖入多个 Label 控件,用于显示对应的文本;再拖入 1 个

ComboBox 控件，用于显示客户编号；再拖入 TextBox 控件，用于显示和修改对应的内容；在窗体下面位置拖入 3 个 Button 控件，分别用于"删除""修改"和"关闭"按钮。

图 6-19 管理客户信息的界面

进入该界面的代码文件，首先编写该窗体的 Form_Load 事件的代码如下。

代码 6-42：窗体的 Form_Load 事件

```
Private Sub frmCusModify_Load(ByVal sender As System.Object, ByVal e As
System.EventArgs) Handles MyBase.Load
    Dim myConn As OleDbConnection = New OleDbConnection(strConn)
    Dim myComm As OleDbCommand = New OleDbCommand
    myComm.Connection = myConn
    myComm.CommandText = "SELECT id FROM customer"
    Dim myReader As OleDbDataReader
    myConn.Open()
    myReader = myComm.ExecuteReader()
    While myReader.Read
        cbCusID.Items.Add(myReader.GetInt32(0))
    End While
    myConn.Close()
    Me.txtCusDate.Enabled = False
End Sub
```

编写"客户编号"下拉菜单的 SelectedIndexChanged 事件的代码如下。

代码 6-43："客户编号"下拉菜单的 SelectedIndexChanged 事件

```
Private Sub cbCusID_SelectedIndexChanged(ByVal sender As System.Object,
ByVal e As System.EventArgs) Handles cbCusID.SelectedIndexChanged
    If cbCusID.SelectedIndex > -1 Then
        Dim myConn As OleDbConnection = New OleDbConnection(strConn)
        Dim myComm As OleDbCommand = New OleDbCommand
        myComm.Connection = myConn
        myComm.CommandText = "SELECT * FROM customer WHERE id = " &
        cbCusID.SelectedItem
        Dim myReader As OleDbDataReader
        myConn.Open()
        myReader = myComm.ExecuteReader()
```

```
        While myReader.Read
            txtCusName.Text = myReader.GetString(1)
            txtCusAddress.Text = myReader.GetString(2)
            txtCusPost.Text = myReader.GetString(3)
            txtCusBankNumber.Text = myReader.GetString(4)
            txtCusPhone.Text = myReader.GetString(5)
            txtCusDate.Text = myReader.GetDateTime(6)
            labCusLevel.Text = myReader.GetString(7)
        End While
        myConn.Close()
    End If
End Sub
```

编写"删除"按钮的单击事件的代码如下。

代码 6-44："删除"按钮的单击事件

```
Private Sub btnDelete_Click(ByVal sender As System.Object, ByVal e As
System.EventArgs) Handles btnDelete.Click
    If cbCusID.SelectedIndex = -1 Then
        Exit Sub
    End If
    Dim temp As MsgBoxResult
    temp = MsgBox("确实要删除此条记录吗 ?", MsgBoxStyle.YesNo, " 提示信息 :")
    If temp = MsgBoxResult.Yes Then
        Dim myConn As OleDbConnection = New OleDbConnection(strConn)
        Dim myComm As OleDbCommand = New OleDbCommand
        myComm.Connection = myConn
        myComm.CommandText = "DELETE FROM customer WHERE id =@id"
        myComm.Parameters.AddWithValue("@id", CLng(cbCusID.SelectedItem))
        cbCusID.Items.RemoveAt(cbCusID.SelectedIndex)
        myConn.Open()
        myComm.ExecuteNonQuery()
        myConn.Close()
        cbCusID.SelectedIndex = -1
        txtCusName.Text = ""
        txtCusAddress.Text = ""
        txtCusPost.Text = ""
        txtCusPhone.Text = ""
        txtCusBankNumber.Text = ""
        txtCusDate.Text = ""
        labCusLevel.Text = ""
    Else
        Exit Sub
    End If
End Sub
```

编写"修改"按钮的单击事件的代码如下。

代码 6-45："修改"按钮的单击事件

```
Private Sub btnModify_Click(ByVal sender As System.Object, ByVal e As
System.EventArgs) Handles btnModify.Click
```

```
    If txtCusName.Text = "" Then
        MsgBox("客户姓名不可为空!", MsgBoxStyle.Information, "提示信息:")
        Exit Sub
    End If
    If txtCusAddress.Text = "" Then
        MsgBox("客户地址不可为空!", MsgBoxStyle.Information, "提示信息:")
        Exit Sub
    End If
    If txtCusPost.Text = "" Then
        MsgBox("客户邮编不可为空!", MsgBoxStyle.Information, "提示信息:")
        Exit Sub
    End If
    If txtCusPhone.Text = "" Then
        MsgBox("客户电话不可为空!", MsgBoxStyle.Information, "提示信息:")
        Exit Sub
    End If
    If txtCusBankNumber.Text = "" Then
        MsgBox("银行账号不可为空!", MsgBoxStyle.Information, "提示信息:")
        Exit Sub
    End If
    Dim myConn As OleDbConnection = New OleDbConnection(strConn)
    Dim myComm As OleDbCommand = New OleDbCommand
    myComm.Connection = myConn
    myComm.CommandText = "UNDATE customer SET name=@name,address=@
    address,post=@post,phone=@phone,banknumber=@banknumber WHERE id=" &
    cbCusID.SelectedItem
    myComm.Parameters.AddWithValue("@name", txtCusName.Text)
    myComm.Parameters.AddWithValue("@address", txtCusAddress.Text)
    myComm.Parameters.AddWithValue("@post", txtCusPost.Text)
    myComm.Parameters.AddWithValue("@phone", txtCusPhone.Text)
    myComm.Parameters.AddWithValue("@banknumber", txtCusBankNumber.Text)
    myConn.Open()
    myComm.ExecuteNonQuery()
    myConn.Close()
    MsgBox("客户信息修改成功!", MsgBoxStyle.Information, "提示信息")
End Sub
```

编写"关闭"按钮的单击事件的代码如下。

代码 6-46："关闭"按钮的单击事件

```
Private Sub btnCancel_Click(ByVal sender As System.Object, ByVal e As
System.EventArgs) Handles btnCancel.Click
    Me.Close()
End Sub
```

6.4.9　设计添加成品信息界面 frmProAdd.vb

添加成品信息界面的设计如图 6-20 所示。

该界面的设计步骤为：首先拖入 1 个 PictureBox 控件，用于显示左侧的图片；然后

图 6-20 添加成品信息的界面

拖入 1 个 GroupBox 控件；再拖入多个 Label 控件，用于显示对应的文本；再拖入多个 TextBox 文本框控件，用于输入内容；然后拖入 1 个 ComboBox 控件，用于选择"产品标准"；最后在窗体下面位置拖入 3 个 Button 控件，分别用于"添加""重置"和"关闭"按钮。

进入该界面的代码文件，首先编写窗体的 form_load 事件的代码如下。

代码 6-47：窗体的 form_load 事件

```
Private Sub frmProAdd_Load(ByVal sender As System.Object, ByVal e As
System.EventArgs) Handles MyBase.Load
    txtProID.Enabled = False
    txtProID.Text = "自动"
    txtProDate.Enabled = False
    txtProDate.Text = "系统日期"
End Sub
```

编写"添加"按钮的单击事件的代码如下。

代码 6-48："添加"按钮的单击事件

```
Private Sub btnAdd_Click(ByVal sender As System.Object, ByVal e As
System.EventArgs) Handles btnAdd.Click
    If txtProName.Text = "" Then
        MsgBox("产品名称不可为空!", MsgBoxStyle.Information, "提示信息:")
        Exit Sub
    End If
    If txtProModel.Text = "" Then
        MsgBox("产品型号不可为空!", MsgBoxStyle.Information, "提示信息:")
        Exit Sub
    End If
    If cbProStandard.SelectedItem = "" Then
        MsgBox("产品标准不可为空!", MsgBoxStyle.Information, "提示信息:")
        Exit Sub
    End If
    Dim myConn As OleDbConnection = New OleDbConnection(strConn)
    Dim myComm As OleDbCommand = New OleDbCommand
    myComm.Connection = myConn
    myComm.CommandText = "SELECT max(id) FROM product"
```

```
        Dim myReader As OleDbDataReader
        myConn.Open()
        Dim maxIDTemp As Long
        Dim maxId As Object = myComm.ExecuteScalar()
        If maxId Is System.DBNull.Value Then
            maxIDTemp = 10000001
        Else
            Dim strid As String
            strid = CStr(maxId)
            maxIDTemp = CInt(strid)
            maxIDTemp = maxIDTemp + 1
        End If
        myConn.Close()
        Dim saveComm As OleDbCommand = New OleDbCommand
        saveComm.CommandText = "INSERT INTO product (id,name,model,
        standard,pdate) VALUES (@id,@name,@model,@standard,@pdate)"
        saveComm.Connection = myConn
        saveComm.Parameters.AddWithValue("@id", maxIDTemp)
        saveComm.Parameters.AddWithValue("@name", txtProName.Text)
        saveComm.Parameters.AddWithValue("@model", txtProModel.Text)
        saveComm.Parameters.AddWithValue("@standard", cbProStandard.
        SelectedItem)
        saveComm.Parameters.AddWithValue("@pdate", DateTime.Today)
        myConn.Open()
        Try
            saveComm.ExecuteNonQuery()
            MsgBox("成品信息添加成功!", MsgBoxStyle.Information, "提示信息")
            Me.Close()
        Catch ex As Exception
            MsgBox(Err.Description)
        End Try
    End Sub
```

编写"重置"按钮的单击事件的代码如下。

代码 6-49："重置"按钮的单击事件

```
Private Sub btnReset_Click(ByVal sender As System.Object, ByVal e As
System.EventArgs) Handles btnReset.Click
    txtProName.Text = ""
    txtProModel.Text = ""
    cbProStandard.SelectedIndex = -1
End Sub
```

编写"关闭"按钮的单击事件的代码如下。

代码 6-50："关闭"按钮的单击事件

```
Private Sub btnCancel_Click(ByVal sender As System.Object, ByVal e As
System.EventArgs) Handles btnCancel.Click
    Me.Close()
End Sub
```

6.4.10 设计管理成品信息界面 frmProModify.vb

管理成品信息界面的设计如图 6-21 所示。

图 6-21 管理成品信息的界面

该界面的设计步骤为：首先拖入 1 个 PictureBox 控件，用于显示左侧的图片；再拖入 1 个 GroupBox 控件；拖入多个 Label 控件，用于显示对应的文本；再拖入 1 个 ComboBox 控件，用于"成品编号"的选择；再拖入 3 个 TextBox 控件，分别用于"成品名称""成品型号""添加日期"内容的编辑；再拖入 1 个 ComboBox 控件，用于"成品标准"的选择；最后在窗体的下面位置拖入 3 个 Button 控件，分别用于"删除""修改"和"关闭"按钮。

进入该界面的代码文件，首先编写窗体的 Form_Load 事件的代码如下。

代码 6-51：窗体的 Form_Load 事件

```
Private Sub frmProModify_Load(ByVal sender As System.Object, ByVal e As
System.EventArgs) Handles MyBase.Load
    txtProDate.Enabled = False
    Dim myConn As OleDbConnection = New OleDbConnection(strConn)
    Dim myComm As OleDbCommand = New OleDbCommand
    myComm.Connection = myConn
    myComm.CommandText = "select id from product"
    Dim myReader As OleDbDataReader
    myConn.Open()
    myReader = myComm.ExecuteReader()
    While myReader.Read
        cbProID.Items.Add(myReader.GetInt32(0))
    End While
    myConn.Close()
End Sub
```

编写"成品编号"下拉菜单的 SelectedIndexChanged 事件的代码如下。

代码 6-52："成品编号"下拉菜单的 SelectedIndexChanged 事件

```
Private Sub cbProID_SelectedIndexChanged(ByVal sender As System.Object,
ByVal e As System.EventArgs) Handles cbProID.SelectedIndexChanged
```

```
        If cbProID.SelectedIndex = -1 Then
            Exit Sub
        End If
        Dim myConn As OleDbConnection = New OleDbConnection(strConn)
        Dim myComm As OleDbCommand = New OleDbCommand
        myComm.Connection = myConn
        myComm.CommandText = "SELECT * FROM product WHERE id = " & cbProID.
        SelectedItem
        Dim myReader As OleDbDataReader
        myConn.Open()
        myReader = myComm.ExecuteReader()
        While myReader.Read
            txtProName.Text = myReader.GetString(1)
            txtProModel.Text = myReader.GetString(2)
            cbProStandard.Text = myReader.GetString(3)
            txtProDate.Text = myReader.GetDateTime(4)
        End While
        myConn.Close()
    End Sub
```

编写"删除"按钮的单击事件的代码如下。

代码 6-53："删除"按钮的单击事件

```
Private Sub btnDelete_Click(ByVal sender As System.Object, ByVal e As
System.EventArgs) Handles btnDelete.Click
    If cbProID.SelectedIndex = -1 Then
        MsgBox("成品 ID 为空！", MsgBoxStyle.Information, "提示信息")
        Exit Sub
    End If
    Dim temp As MsgBoxResult
    temp = MsgBox("确实要删除此条记录吗？", MsgBoxStyle.YesNo, "提示信息：")
    If temp = MsgBoxResult.Yes Then
        Dim myConn As OleDbConnection = New OleDbConnection(strConn)
        Dim myComm As OleDbCommand = New OleDbCommand
        myComm.Connection = myConn
        myComm.CommandText = "DELETE FROM product WHERE id = @id"
        myComm.Parameters.AddWithValue("@id", CLng(cbProID.SelectedItem))
        Dim myReader As OleDbDataReader
        myConn.Open()
        myComm.ExecuteNonQuery()
        myConn.Close()
        cbProID.Items.Remove(cbProID.SelectedItem)
        txtProName.Text = ""
        txtProModel.Text = ""
        cbProStandard.SelectedIndex = -1
        txtProDate.Text = ""
        MsgBox("成品记录已删除！", MsgBoxStyle.Information, "提示信息")
    Else
        Exit Sub
```

```
        End If
End Sub
```

编写"修改"按钮的单击事件的代码如下。

代码 6-54："修改"按钮的单击事件

```
Private Sub btnModify_Click(ByVal sender As System.Object, ByVal e As
System.EventArgs) Handles btnModify.Click
    If txtProName.Text = "" Then
        MsgBox("产品名称不可为空!", MsgBoxStyle.Information, "提示信息:")
        Exit Sub
    End If
    If txtProModel.Text = "" Then
        MsgBox("产品型号不可为空!", MsgBoxStyle.Information, "提示信息:")
        Exit Sub
    End If
    If cbProStandard.SelectedItem = "" Then
        MsgBox("产品标准不可为空!", MsgBoxStyle.Information, "提示信息:")
        Exit Sub
    End If
    Dim myConn As OleDbConnection = New OleDbConnection(strConn)
    Dim myComm As OleDbCommand = New OleDbCommand
    myComm.Connection = myConn
    myComm.CommandText = "UPDATE product SET name=@name,model=@model,
    standard=@standard WHERE id=" & cbProID.SelectedItem
    myComm.Parameters.AddWithValue("@name", txtProName.Text)
    myComm.Parameters.AddWithValue("@model", txtProModel.Text)
    myComm.Parameters.AddWithValue("@standard", cbProStandard.SelectedItem)
    myConn.Open()
    myComm.ExecuteNonQuery()
    myConn.Close()
    MsgBox("成品信息修改成功!", MsgBoxStyle.Information, "提示信息")
End Sub
```

编写"关闭"按钮的单击事件的代码如下。

代码 6-55："关闭"按钮的单击事件

```
Private Sub btnCancel_Click(ByVal sender As System.Object, ByVal e As
System.EventArgs) Handles btnCancel.Click
    Me.Close()
End Sub
```

6.4.11　设计系统设置界面 frmSetting.vb

系统设置界面的设计如图 6-22 所示。

该界面的设计步骤为：首先拖入多个 Label 控件，分别用于显示相应位置的文本；然后拖入 3 个 TextBox 控件，分别用于输入起止年份和修改系统连接；最后拖入 2 个 Button 控件，用于"确定"和"取消"按钮。

进入该界面的代码文件，首先编写该窗体的 Form_Load 事件的代码如下。

图 6-22　系统设置的界面

代码 6-56：窗体的 Form_Load 事件

```
Private Sub frmSetting_Load(ByVal sender As System.Object, ByVal e As
System.EventArgs) Handles MyBase.Load
    Try
        Dim strFileName As String = "mag.ini"
        Dim objReader As StreamReader = New StreamReader(strFileName)
        txtString.Text = objReader.ReadToEnd()
        objReader.Close()
        objReader = Nothing
    Catch ex As Exception
        MsgBox("读取连接字符串失败!", MsgBoxStyle.Information, "提示信息")
    End Try
    Try
        Dim strTemp() As String
        Dim strFileSetting As String = "setting.ini"
        Dim YearReader As StreamReader = New StreamReader(strFileSetting)
        YearReader.ReadLine()
        YearReader.ReadLine()
        strTemp = YearReader.ReadLine().Split(" ")
        txtYearBegin.Text = strTemp(1).Trim
        strTemp = YearReader.ReadLine().Split(" ")
        txtYearEnd.Text = strTemp(1).Trim
        YearReader.Close()
        YearReader = Nothing
    Catch ex As Exception
        MsgBox(Err.Description)
        MsgBox("读取起止统计年份失败!", MsgBoxStyle.Information, "提示信息")
    End Try
End Sub
```

编写"输入起止年份"的第一个 TextBox 控件的 TextChanged 事件的代码如下。

代码 6-57：第一个 TextBox 控件的 TextChanged 事件

```
Private Sub txtYearBegin_TextChanged(ByVal sender As System.Object,
ByVal e As System.EventArgs) Handles txtYearBegin.TextChanged
```

```
        changeAble = True
        modMain.checkNum(txtYearBegin)
End Sub
```

编写"输入起止年份"的第二个 TextBox 控件的 TextChanged 事件的代码如下。

代码 6-58：第二个 TextBox 控件的 TextChanged 事件

```
Private Sub txtYearEnd_TextChanged(ByVal sender As System.Object, ByVal
e As System.EventArgs) Handles txtYearEnd.TextChanged
        changeAble = True
        modMain.checkNum(txtYearBegin)
End Sub
```

编写"修改系统连接"的第三个 TextBox 控件的 TextChanged 事件的代码如下。

代码 6-59：第三个 TextBox 控件的 TextChanged 事件

```
Private Sub txtString_TextChanged(ByVal sender As System.Object, ByVal
e As System.EventArgs) Handles txtString.TextChanged
        changeAble = True
End Sub
```

编写"确定"按钮的单击事件的代码如下。

代码 6-60："确定"按钮的单击事件

```
Private Sub btnOK_Click(ByVal sender As System.Object, ByVal e As
System.EventArgs) Handles btnOK.Click
        If changeAble = False Then
            Me.Close()
        End If
        If CInt(Me.txtYearBegin.Text) < CInt(Me.txtYearEnd.Text) Then
            Try
                Dim strTemp As String
                Dim strFileSetting As String = "setting.ini"
                Dim YearWriter As StreamWriter = New StreamWriter
                (strFileSetting, False)
                strTemp = "[setting]" & vbCrLf & "[SumYear]" & vbCrLf &
                "[Begin] "
                strTemp = strTemp & txtYearBegin.Text & vbCrLf & "[End] "
                strTemp = strTemp & txtYearEnd.Text & vbCrLf
                YearWriter.Write(strTemp)
                YearWriter.Close()
                YearWriter = Nothing
            Catch ex As Exception
                MsgBox(Err.Description)
                MsgBox("写入起止统计年份失败!", MsgBoxStyle.Information, "提
                示信息")
            End Try
        Else
            MsgBox("起始和中止年份不匹配!", MsgBoxStyle.Information, "提示信息")
            Exit Sub
```

```
        End If
        Try
            Dim strFileName As String = "manager.ini"
            Dim objWriter As StreamWriter = New StreamWriter(strFileName,
            False)
            objWriter.Write(txtString.Text)
            objWriter.Close()
            objWriter = Nothing
        Catch ex As Exception
            MsgBox("连接字符串写入失败!", MsgBoxStyle.Information, "提示信息")
            Exit Sub
        End Try
        MsgBox("修改系统设置成功!", MsgBoxStyle.Information, "提示信息")
        Me.Close()
    End Sub
```

6.4.12　设计出入库管理界面 frmStockInOut.vb

出入库管理的设计界面如图 6-23 所示。

图 6-23　出入库管理的界面

该界面的设计步骤为：首先拖入 1 个 PictureBox 控件，用于显示左侧的图片；然后拖入 1 个 GroupBox 控件，用于显示"出入库处理"；然后拖入多个 Label 控件；用于显示相应的文本；然后拖入 2 个 ComboBox 控件，分别用于"请选择出入库"的选择和"合同编号"的选择；在"合同信息"位置依次拖入 3 个 ComboBox 控件，分别用于"合同对象""合同类型""付款方式"的选择；再拖入 1 个 DateTimePicker 控件，用于"签订日期"的时间选择。在下面位置拖入 1 个 DataGrid 控件，用于绑定数据；在窗体的最下面拖入 2 个 Button 控件，分别用于"处理"和"关闭"按钮。

进入该界面的代码文件，首先编写窗体的 Form_Load 事件的代码如下。

代码 6-61：窗体的 Form_Load 事件

```
Private Sub frmStockInOut_Load(ByVal sender As System.Object, ByVal e
As System.EventArgs) Handles MyBase.Load
```

```
    Me.cbConCustomer.Enabled = False
    Me.cbConPaytype.Enabled = False
    Me.cbConType.Enabled = False
    Me.dtpCon.Enabled = False
    Dim sqlStr As String = "SELECT proname,snumber,price FROM stock WHERE
contract = " & "'" & Me.cbConID.SelectedItem & "'"
    Dim conConn As New OleDbConnection(strConn)
    Dim conComm As New OleDbCommand(sqlStr, conConn)
    Dim myDa As New OleDbDataAdapter
    myDa.SelectCommand = conComm
    Dim myDs As New DataSet
    myDa.Fill(myDs, "stock")
    dgCon.DataSource = myDs.Tables("stock")
End Sub
```

编写"请选择出入库"下拉菜单的 SelectedIndexChanged 事件的代码如下。

代码 6-62："请选择出入库"下拉菜单的 SelectedIndexChanged 事件

```
Private Sub cbConInOut_SelectedIndexChanged(ByVal sender As
System.Object, ByVal e As System.EventArgs) Handles cbConInOut.
SelectedIndexChanged
    If cbConInOut.SelectedIndex = -1 Then
        Exit Sub
    End If
    Dim myType As String
    If cbConInOut.SelectedIndex = 0 Then
        myType = "销售"
    Else
        myType = "采购"
    End If
    Me.cbConID.Items.Clear()
    '订单信息
    Dim sqlStr As String = "SELECT proname,snumber,price FROM stock
WHERE contract = " & "'" & Me.cbConID.SelectedItem & "'"
    Dim conConn As New OleDbConnection(strConn)
    Dim conComm As New OleDbCommand(sqlStr, conConn)
    Dim myDa As New OleDbDataAdapter
    myDa.SelectCommand = conComm
    Dim myDs As New DataSet
    myDa.Fill(myDs, "stock")
    dgCon.DataSource = myDs.Tables("stock")
    conConn.Close()
    Dim myConn As OleDbConnection = New OleDbConnection(strConn)
    Dim myComm As OleDbCommand = New OleDbCommand
    myComm.Connection = myConn
    myComm.CommandText = "SELECT id FROM contract WHERE factor = false
AND ctype = '" & myType & "'"
    Dim myReader As OleDbDataReader
    myConn.Open()
    myReader = myComm.ExecuteReader()
    While myReader.Read
```

```
        cbConID.Items.Add(myReader.GetInt32(0))
    End While
    myConn.Close()
    cbConType.SelectedIndex = -1
    cbConCustomer.SelectedIndex = -1
    labConSum.Text = ""
    cbConPaytype.SelectedIndex = -1
    dtpCon.Text = DateTime.Today
End Sub
```

编写"合同编号"下拉菜单的 SelectedIndexChanged 事件的代码如下。

代码 6-63："合同编号"下拉菜单的 SelectedIndexChanged 事件

```
Private Sub cbConID_SelectedIndexChanged(ByVal sender As System.Object,
ByVal e As System.EventArgs) Handles cbConID.SelectedIndexChanged
    If cbConID.SelectedIndex = -1 Then
        Exit Sub
    End If
    Dim myConn As OleDbConnection = New OleDbConnection(strConn)
    Dim myComm As OleDbCommand = New OleDbCommand
    myComm.Connection = myConn
    myComm.CommandText = "SELECT * FROM contract WHERE id = " &
    cbConID.SelectedItem
    Dim myReader As OleDbDataReader
    myConn.Open()
    myReader = myComm.ExecuteReader()
    While myReader.Read
        cbConType.SelectedItem = myReader.GetString(1)
        cbConCustomer.Items.Add(myReader.GetString(2))
        cbConCustomer.SelectedIndex = 0
        labConSum.Text = myReader.GetDouble(3)
        cbConPaytype.SelectedItem = myReader.GetString(4)
        dtpCon.Text = myReader.GetDateTime(6)
    End While
    myConn.Close()
    ' 订单信息
    Dim sqlStr As String = "SELECT proname,snumber,price FROM stock
    WHERE contract = " & "'" & Me.cbConID.SelectedItem & "'"
    Dim conConn As New OleDbConnection(strConn)
    Dim conComm As New OleDbCommand(sqlStr, conConn)
    Dim myDa As New OleDbDataAdapter
    myDa.SelectCommand = conComm
    Dim myDs As New DataSet
    myDa.Fill(myDs, "stock")
    dgCon.DataSource = myDs.Tables("stock")
    conConn.Close()
End Sub
```

编写"处理"按钮的单击事件的代码如下。

代码 6-64:"处理"按钮的单击事件

```vb
Private Sub btnStock_Click(ByVal sender As System.Object, ByVal e As
System.EventArgs) Handles btnStock.Click
    If cbConID.SelectedIndex = -1 Then
        Exit Sub
    End If
    Dim temp As MsgBoxResult
    temp = MsgBox("您确定要处理此条出入库信息吗?", MsgBoxStyle.YesNo, "提示
信息:")
    Dim lack As String
    Dim numTemp As Long
    Dim proIn As Long
    If temp = MsgBoxResult.Yes Then
        Dim t As String
        t = cbConType.SelectedItem
        Dim lackConn As OleDbConnection = New OleDbConnection(strConn)
        Dim lackComm As OleDbCommand = New OleDbCommand
        lackComm.Connection = lackConn
        lackComm.CommandText = "SELECT proname,snumber FROM stock WHERE
contract = '" & cbConID.SelectedItem & "'"
        Dim lackReader As OleDbDataReader
        lackConn.Open()
        lackReader = lackComm.ExecuteReader
        While lackReader.Read
            lack = lackReader.GetString(0)
            numTemp = lackReader.GetInt32(1)
            Dim inConn As OleDbConnection = New OleDbConnection(strConn)
            Dim inComm As OleDbCommand = New OleDbCommand
            inComm.Connection = inConn
            inComm.CommandText = "SELECT lack FROM product WHERE name = '"
& lack & "'"
            inConn.Open()
            Dim inReader As OleDbDataReader
            inReader = inComm.ExecuteReader
            While inReader.Read
                proIn = inReader.GetInt32(0)
            End While
            inConn.Close()
            If t = "销售" Then
                '查看是否缺货
                If proIn - numTemp < 0 Then
                    MsgBox("产品 < " & lack & " > 缺货,合同不能处理!",
                    MsgBoxStyle.Information, "提示信息")
                    lackConn.Close()
                    Exit Sub
                End If
                proIn = proIn - numTemp
            ElseIf t = "采购" Then
                proIn = proIn + numTemp
            End If
```

```
End While
lackConn.Close()
Me.stockUpdate()
'更新合同信息
Dim myConn As OleDbConnection = New OleDbConnection(strConn)
Dim myComm As OleDbCommand = New OleDbCommand
myComm.Connection = myConn
myComm.CommandText = "UPDATE contract SET factor = true ,
factdate = @factdate WHERE id = " & cbConID.SelectedItem
myComm.Parameters.AddWithValue("@factdate", DateTime.Today)
myConn.Open()
myComm.ExecuteNonQuery()
myConn.Close()
Dim sConn As OleDbConnection = New OleDbConnection(strConn)
Dim sComm As OleDbCommand = New OleDbCommand
sComm.Connection = sConn
sComm.CommandText = "UPDATE stock SET factor = true WHERE
contract = '" & cbConID.SelectedItem & "'"
sConn.Open()
sComm.ExecuteNonQuery()
sConn.Close()
'更新客户等级
Dim tt As String
tt = cbConCustomer.SelectedItem
Dim i As Double
Dim CusConn As OleDbConnection = New OleDbConnection(strConn)
Dim CusComm As OleDbCommand = New OleDbCommand
CusComm.Connection = CusConn
CusComm.CommandText = "SELECT csum FROM contract WHERE factor =
true AND customer = '" & tt & "'"
Dim myReader As OleDbDataReader
CusConn.Open()
myReader = CusComm.ExecuteReader
While myReader.Read
    i = i + myReader.GetDouble(0)
End While
CusConn.Close()
If i < 50000 Then
    tt = " ★☆☆☆ "
ElseIf i < 150000 Then
    tt = " ★★☆☆ "
ElseIf i < 300000 Then
        tt = " ★★★☆ "
ElseIf i >= 300000 Then
    tt = " ★★★★ "
End If
Dim lmyConn As OleDbConnection = New OleDbConnection(strConn)
Dim lmyComm As OleDbCommand = New OleDbCommand
lmyComm.Connection = lmyConn
lmyComm.CommandText = "UPDATE customer SET clevel = @clevel
WHERE name = '" & cbConCustomer.SelectedItem & "'"
```

```
        lmyComm.Parameters.AddWithValue("@clevel", tt)
        lmyConn.Open()
        lmyComm.ExecuteNonQuery()
        lmyConn.Close()
        cbConID.Items.Remove(cbConID.SelectedItem)
        cbConType.SelectedIndex = -1
        cbConCustomer.SelectedIndex = -1
        labConSum.Text = ""
        cbConPaytype.SelectedIndex = -1
        dtpCon.Text = DateTime.Today
        ' 更新库存表
        Dim sqlStr As String = "SELECT proname,snumber,price FROM stock
        WHERE contract = " & "'" & Me.cbConID.SelectedItem & "'"
        Dim conConn As New OleDbConnection(strConn)
        Dim conComm As New OleDbCommand(sqlStr, conConn)
        Dim myDa As New OleDbDataAdapter
        myDa.SelectCommand = conComm
        Dim myDs As New DataSet
        myDa.Fill(myDs, "stock")
        dgCon.DataSource = myDs.Tables("stock")
        MsgBox(" 处理成功！", MsgBoxStyle.Information, " 提示信息 ")
    Else
        Exit Sub
    End If
End Sub
```

编写"关闭"按钮的单击事件的代码如下。

代码 6-65："关闭"按钮的单击事件

```
Private Sub btnCancel_Click(ByVal sender As System.Object, ByVal e As
System.EventArgs) Handles btnCancel.Click
    Me.Close()
End Sub
```

项 目 小 结

本项目设计制作了一个销售信息管理系统。从系统的需求分析、功能设计到数据库设计，展示了一个完整的项目的设计流程，包括数据库的设计、基础类文件的编写以及各功能模块的界面编写和代码编写。

项 目 拓 展

在本项目基础上进一步完善项目的功能，要求：增加一个销售财务信息管理功能，销售人员可以输入销售价格等财务信息，管理人员可以查询财务信息。财务记录不可以删除，只提供查询功能。

项目 7
设计制作图书管理系统

数据库应用已经深入社会生活的各个领域，从图书馆管理，银行管理，资源管理，经济预测一直到信息检索、档案管理、普查统计等。本项目设计制作的是关于图书馆图书管理的数据库系统，管理员通过这个系统可以简捷、方便地对图书记录进行查阅、增加、删除等操作，而用户也可以通过这个系统进行图书查询、借阅、归还等操作。本项目通过图书管理系统的制作，让读者了解网络安全、信息安全相关概念，更好践行社会主义核心价值观，自觉维护国家安全、网络安全和数据安全。

知识目标：

（1）了解 Access 数据库管理系统的基本结构；

（2）了解 Access 数据库管理系统的特点；

（3）了解 VB.NET 代码分层的设计思路。

能力目标：

（1）掌握 Access 数据库管理系统常用的操作方法；

（2）掌握图书管理系统的结构设计方法；

（3）掌握 VB.NET 代码之间相互调用的设计方法。

课程思政目标：

（1）培养学生良好的 IT 职业素养和道德规范；

（2）潜移默化引导学生树立社会主义核心价值观；

（3）引导学生树立实事求是、严肃认真、一丝不苟的学习和工作态度。

任务 7.1　项目功能总体设计

本项目设计制作的图书管理系统具体包括以下功能：用户登录，添加图书类型，添加图书信息，添加图书索引号，添加书籍费用信息，添加用户信息，备份数据库，修改密码，删除书籍，删除读者信息，删除用户，编辑书籍，编辑读者，编辑用户，查找书籍信息，借阅书籍，添加读者信息，打印借阅条，归还书籍，今日借阅查询，解冻用户等。

任务 7.2　数据库设计

本项目使用 Access 数据库管理系统，数据库名称为 library.mdb，包括数据表 Backup、BookCode、BookDetails、BookType、Charges、IssueBook、ReaderDetails、SystemUsers。数据库的界面如图 7-1 所示。

图 7-1　library.mdb 数据表设计

数据表 Backup 的设计界面如图 7-2 所示。

数据表 BookCode 的设计界面如图 7-3 所示。

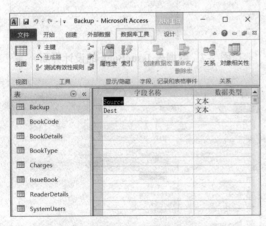

图 7-2　数据表 Backup 的设计界面

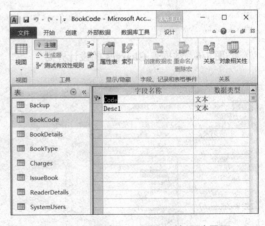

图 7-3　数据表 BookCode 的设计界面

数据表 BookDetails 的设计界面如图 7-4 所示。

数据表 BookType 的设计界面如图 7-5 所示。

数据表 Charges 的设计界面如图 7-6 所示。

数据表 IssueBook 的设计界面如图 7-7 所示。

数据表 ReaderDetails 的设计界面如图 7-8 所示。

数据表 SystemUsers 的设计界面如图 7-9 所示。

图 7-4　数据表 **BookDetails** 的设计界面

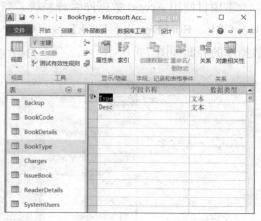

图 7-5　数据表 **BookType** 的设计界面

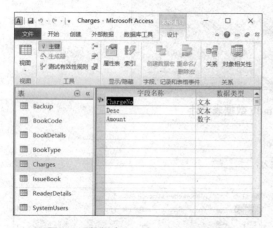

图 7-6　数据表 **Charges** 的设计界面

图 7-7　数据表 **IssueBook** 的设计界面

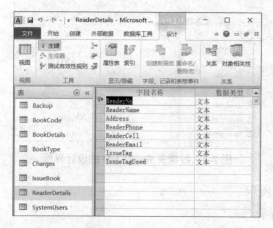

图 7-8　数据表 **ReaderDetails** 的设计界面

图 7-9　数据表 **SystemUsers** 的设计界面

任务 7.3 项目工程文件一览

本项目的工程文件如图 7-10 所示。

图 7-10 项目工程文件一览

主要界面具体如下。

（1）登录界面 frm_login.vb。

（2）管理主界面 frm_MainInterface.vb。

（3）关于系统界面 frm_about.vb。

（4）添加图书类型界面 frm_AddBookType.vb。

（5）添加图书信息界面 frm_AddNewBook.vb。

（6）添加书籍费用信息界面 frm_AddNewCharges.vb。

（7）添加用户信息界面 frm_AddUser.vb。

（8）备份数据库界面 frm_BackUp.vb。

（9）修改密码界面 frm_ChangePassword.vb。

（10）删除书籍信息界面 frm_DelBook.vb。

（11）编辑书籍信息界面 frm_EditBookDetails.vb。

（12）借阅书籍界面 frm_IssueReturnBook.vb。

（13）归还书籍界面 frm_ReturnBook.vb。

任务 7.4　系统详细设计

7.4.1　设计登录界面 frm_login.vb

登录界面的设计效果如图 7-11 所示。

该界面的设计步骤为：首先加入 1 个 GroupBox 控件，用于显示"登录信息"；然后拖入 2 个 Label 控件，分别用于显示"用户账号"和"密码"；再拖入 2 个 TextBox 控件；最后拖入 2 个 Button 控件，分别作为"登录"和"退出"按钮。

进入该界面的代码文件，首先定义全局变量，代码如下。

图 7-11　登录界面

代码 7-1：定义全局变量

```
Inherits System.Windows.Forms.Form
Dim MyConnection As New OleDbConnection("Provider=Microsoft.Jet.
OLEDB.4.0;Data Source=" & Application.StartupPath & "\Library.mdb")
Dim MyCommand as OleDbCommand
Dim MyReader As OleDbDataReader
Dim UserStatus As String
Dim LibStatus As String
Dim AdminStatus As String
Dim ReaderStatus As String
Dim passTry As Integer = 0
```

编写该窗体的 Form_Load 事件的代码如下。

代码 7-2：窗体的 Form_Load 事件

```
Private Sub frm_login_Load(ByVal sender As System.Object, ByVal e As
System.EventArgs) Handles MyBase.Load
    Me.BringToFront()
    Me.Focus()
End Sub
```

编写"用户账号"对应的 TextBox 控件的 KeyPress 事件的代码如下。

代码 7-3："用户账号"对应的 TextBox 控件的 KeyPress 事件

```
Private Sub TextBox1_KeyPress(ByVal sender As Object, ByVal e As
System.Windows.Forms.KeyPressEventArgs) Handles TxtUserID.KeyPress
    Dim strChar As String
    strChar = e.KeyChar
    Select Case strChar
        Case ChrW(System.Windows.Forms.Keys.Enter)
            If TxtUserID.Text = "" Then
MsgBox("Please Enter a User Name!", MsgBoxStyle.Information, "图书
馆管理系统")
            Else
                If TxtUserID.Text <> "" Then TxtPassword.Focus()
                End If
            End If
        Case Else
    End Select
End Sub
```

编写"密码"对应的 TextBox 控件的 KeyPress 事件的代码如下。

代码 7-4："密码"对应的 TextBox 控件的 KeyPress 事件

```
Private Sub TextBox2_KeyPress(ByVal sender As Object, ByVal e As
System.Windows.Forms.KeyPressEventArgs) Handles TxtPassword.KeyPress
    Dim strChar As String
    strChar = e.KeyChar
    Select Case strChar
        Case ChrW(System.Windows.Forms.Keys.Enter)
            If TxtUserID.Text = "" Then MsgBox("Please Enter Your
Password!", MsgBoxStyle.Information, "图书馆管理系统")
            Else
                If TxtUserID.Text <> "" Then
                    BtnLogin.Focus()
                End If
            End If
        Case Else
    End Select
End Sub
```

双击"登录"按钮，进入该按钮的单击事件，编写代码如下。

代码 7-5："登录"按钮的单击事件

```
Private Sub BtnLogin_Click(ByVal sender As System.Object, ByVal e As
System.EventArgs) Handles BtnLogin.Click
    Dim main_frm = New frm_MainInterface
    getUserRights()
    If verifyUser() = True And getStatus() = "正常" And passTry < 3 Then
        If AdminStatus <> "是" Then
            main_frm.disadminlogin()
```

```
            End If
        If LibStatus <> "是" Then
            main_frm.disliblogin()
        End If
        If ReaderStatus <> "是" Then
            main_frm.disreaderlogin()
        End If
        clearfields()
        main_frm.show()
        Me.Finalize()
    Else
        If verifyUser() = False And passTry < 3 And getStatus() = "正常"
        Then
            passTry = passTry + 1
            display_MsgBox("请输入正确的密码！")
        Else
            If passTry = 3 Then
                updatestatus()
                passTry = 0
        display_MsgBox("三次尝试之后，你的账号将被冻结，请与系统管理员联系")
            Else
                If getStatus() <> "正常" Then
                    display_MsgBox("你的账号已被冻结，请与系统管理员联系")
                End If
            End If
        End If
    End If
End Sub
```

这段代码中调用了 verifyUser( )、getStatus( )、display_MsgBox( )、getUserRights( )、updatestatus( ) 和 clearfields( ) 方法，编写 verifyUser( ) 方法的代码如下。

代码 7-6：verifyUser( ) 方法

```
Function verifyUser() As Boolean
    MyConnection.Open()
    MyCommand = New OleDbCommand("SELECT * FROM SystemUsers WHERE
    UserID = '" & TxtUserID.Text & "'", MyConnection)
    MyReader = MyCommand.ExecuteReader()
    Dim TempString As String
    While MyReader.Read
        TempString = MyReader("Password")
    End While
    MyConnection.Close()
    MyReader.Close()
    MyCommand.dispose()
    If TxtPassword.Text = TempString Then
        Return True
    Else
        If TxtPassword.Text <> TempString Then
            Return False
        End If
```

```
        End If
End Function
```

编写 getStatus( ) 方法的代码如下。

代码 7-7：getStatus( ) 方法

```
Function getStatus() As String
    MyConnection.Open()
    MyCommand = New OleDbCommand("SELECT * FROM SystemUsers WHERE
    UserID = '" & TxtUserID.Text & "'", MyConnection)
    MyReader = MyCommand.ExecuteReader()
    While MyReader.Read
        UserStatus = MyReader("Status")
    End While
    MyConnection.Close()
    MyReader.Close()
    MyCommand.dispose()
    Return UserStatus
End Function
```

编写 display_MsgBox( ) 方法的代码如下。

代码 7-8：display_MsgBox( ) 方法

```
Function display_MsgBox(ByVal myMsg As String)
    MsgBox(myMsg, MsgBoxStyle.Information, "图书馆管理系统")
End Function
```

编写 getUserRights( ) 方法的代码如下。

代码 7-9：getUserRights( ) 方法

```
Function getUserRights()
    MyConnection.Open()
    MyCommand = New OleDbCommand("SELECT * FROM SystemUsers WHERE
    UserID = '" & TxtUserID.Text & "'", MyConnection)
    MyReader = MyCommand.ExecuteReader()
    While MyReader.Read
        AdminStatus = MyReader("AdminRights")
        LibStatus = MyReader("LibRights")
        ReaderStatus = MyReader("ReaderRights")
    End While
    MyConnection.Close()
    MyReader.Close()
    MyCommand.Dispose()
End Function
```

编写 updatestatus( ) 方法的代码如下。

代码 7-10：updatestatus( ) 方法

```
Function updatestatus()
    Dim okstatus As String
    okstatus = "冻结"
    MyConnection.Open()
```

```
MyCommand = New OleDbCommand("UPDATE SystemUsers SET Status ='" &
okstatus & "' WHERE UserID = '" & TxtUserID.Text & "'", MyConnection)
Try
    MyCommand.ExecuteNonQuery()
Catch c As Exception
    MsgBox(c.ToString)
End Try
MyConnection.Close()
MyCommand.Dispose()
End Function
```

编写 clearfields( ) 方法的代码如下。

代码 7-11：clearfields( ) 方法

```
Function clearfields()
    TxtUserID.Text = ""
    TxtPassword.Text = ""
End Function
```

双击"退出"按钮，进入该按钮的单击事件，编写代码如下。

代码 7-12："退出"按钮的单击事件

```
Private Sub Button2_Click(ByVal sender As System.Object, ByVal e As
System.EventArgs) Handles Button2.Click
    Application.Exit()
End Sub
```

7.4.2 设计管理主界面 frm_MainInterface.vb

管理主界面的设计如图 7-12 所示。

图 7-12 管理主界面

该界面的设计步骤为：首先在窗体中拖入 1 个菜单控件 MianMenu，分别设置菜单"系统管理员""书籍信息管理""读者信息管理""报表""窗口""帮助"和"退出"。

首先设计菜单"系统管理员"的菜单项，设计界面如图 7-13 所示。

在"添加书籍参数"菜单项中添加子菜单，如图 7-14 所示。

在"用户信息管理"菜单项中添加子菜单，如图 7-15 所示。

设计"书籍信息管理"的菜单项，设计界面如图 7-16 所示。

设计"读者信息管理"的菜单项，设计界面如图 7-17 所示。

图 7-13　"系统管理员"的菜单项

图 7-14　子菜单项 1

图 7-15　子菜单项 2

图 7-16　"书籍信息管理"的菜单项

图 7-17　"读者信息管理"的菜单项

设计"报表"的菜单项，设计界面如图 7-18 所示。

图 7-18　"报表"的菜单项

设计"窗口"的菜单项，设计界面如图 7-19 所示。

进入主界面的代码文件，首先定义全局变量如下。

```
Dim myFrm
```

图 7-19 "窗口"的菜单项

编写"添加书籍类型"菜单项的单击事件的代码如下。

代码 7-13："添加书籍类型"菜单项的单击事件

```
Private Sub MenuItem11_Click(ByVal sender As System.Object, ByVal e As
System.EventArgs) Handles MenuItem11.Click
    myFrm = New frm_AddBookType
    myFrm.mdiparent = Me
    myFrm.show()
End Sub
```

编写"添加索引号"菜单项的单击事件的代码如下。

代码 7-14："添加索引号"菜单项的单击事件

```
Private Sub MenuItem12_Click(ByVal sender As System.Object, ByVal e As
System.EventArgs) Handles MenuItem12.Click
    myFrm = New frm_AddNewBookCode
    myFrm.mdiparent = Me
    myFrm.show()
End Sub
```

编写"添加费用信息"菜单项的单击事件的代码如下。

代码 7-15："添加费用信息"菜单项的单击事件

```
Private Sub MenuItem13_Click(ByVal sender As System.Object, ByVal e As
System.EventArgs) Handles MenuItem13.Click
    myFrm = New frm_AddNewCharges
    myFrm.mdiparent = Me
    myFrm.show()
End Sub
```

编写"添加用户信息"菜单项的单击事件的代码如下。

代码 7-16："添加用户信息"菜单项的单击事件

```
Private Sub MenuItem3_Click(ByVal sender As System.Object, ByVal e As
System.EventArgs) Handles MenuItem3.Click
    myFrm = New frm_AddUser
    myFrm.mdiparent = Me
    myFrm.show()
End Sub
```

编写"编辑用户信息"菜单项的单击事件的代码如下。

代码 7-17："编辑用户信息"菜单项的单击事件

```
Private Sub MenuItem6_Click_1(ByVal sender As System.Object, ByVal e As
System.EventArgs) Handles MenuItem6.Click
    myFrm = New frm_EditUser
    myFrm.mdiparent = Me
    myFrm.show()
End Sub
```

编写"删除用户信息"菜单项的单击事件的代码如下。

代码 7-18："删除用户信息"菜单项的单击事件

```
Private Sub MenuItem9_Click_1(ByVal sender As System.Object, ByVal e As
System.EventArgs) Handles MenuItem9.Click
    myFrm = New frm_DelUser
    myFrm.mdiparent = Me
    myFrm.show()
End Sub
```

编写"解冻用户"菜单项的单击事件的代码如下。

代码 7-19："解冻用户"菜单项的单击事件

```
Private Sub MenuItem15_Click_1(ByVal sender As System.Object, ByVal e
As System.EventArgs) Handles MenuItem15.Click
    myFrm = New frm_UnlockUser
    myFrm.mdiparent = Me
    myFrm.show()
End Sub
```

编写"修改密码"菜单项的单击事件的代码如下。

代码 7-20："修改密码"菜单项的单击事件

```
Private Sub MenuItem16_Click_1(ByVal sender As System.Object, ByVal e
As System.EventArgs) Handles MenuItem16.Click
    myFrm = New frm_ChangePassword
    myFrm.mdiparent = Me
    myFrm.show()
End Sub
```

编写"备份数据库"菜单项的单击事件的代码如下。

代码 7-21："备份数据库"菜单项的单击事件

```
Private Sub MenuItem18_Click(ByVal sender As System.Object, ByVal e As
System.EventArgs) Handles MenuItem18.Click
    myFrm = New frm_BackUp
    myFrm.mdiparent = Me
    myFrm.show()
End Sub
```

编写"添加书籍信息"菜单项的单击事件的代码如下。

代码 7-22："添加书籍信息"菜单项的单击事件

```
Private Sub MenuItem14_Click(ByVal sender As System.Object, ByVal e As
System.EventArgs) Handles MenuItem14.Click
    myFrm = New frm_AddNewBook
    myFrm.mdiparent = Me
    myFrm.show()
End Sub
```

编写"查找书籍信息"菜单项的单击事件的代码如下。

代码 7-23："查找书籍信息"菜单项的单击事件

```
Private Sub MenuItem21_Click_1(ByVal sender As System.Object, ByVal e
As System.EventArgs) Handles MenuItem21.Click
    myFrm = New frm_FindBook
    myFrm.mdiparent = Me
    myFrm.show()
End Sub
```

编写"编辑书籍信息"菜单项的单击事件的代码如下。

代码 7-24："编辑书籍信息"菜单项的单击事件

```
Private Sub MenuItem22_Click_1(ByVal sender As System.Object, ByVal e
As System.EventArgs) Handles MenuItem22.Click
    myFrm = New frm_EditBookDetails
    myFrm.mdiparent = Me
    myFrm.show()
End Sub
```

编写"删除书籍信息"菜单项的单击事件的代码如下。

代码 7-25："删除书籍信息"菜单项的单击事件

```
Private Sub MenuItem29_Click(ByVal sender As System.Object, ByVal e As
System.EventArgs) Handles MenuItem29.Click
    myFrm = New frm_DelBook
    myFrm.mdiparent = Me
    myFrm.show()
End Sub
```

编写"今日借阅查询"菜单项的单击事件的代码如下。

代码 7-26："今日借阅查询"菜单项的单击事件

```
Private Sub MenuItem23_Click_1(ByVal sender As System.Object, ByVal e
As System.EventArgs) Handles MenuItem23.Click
    myFrm = New frm_TodayIssueView
    myFrm.mdiparent = Me
    myFrm.show()
End Sub
```

编写"借阅书籍"菜单项的单击事件的代码如下。

代码 7-27："借阅书籍"菜单项的单击事件

```
Private Sub MenuItem26_Click_1(ByVal sender As System.Object, ByVal e
As System.EventArgs) Handles MenuItem26.Click
```

```
    myFrm = New frm_IssueReturnBook
    myFrm.mdiparent = Me
    myFrm.show()
End Sub
```

编写"归还书籍"菜单项的单击事件的代码如下。

代码 7-28:"归还书籍"菜单项的单击事件

```
Private Sub MenuItem27_Click_1(ByVal sender As System.Object, ByVal e
As System.EventArgs) Handles MenuItem27.Click
    myFrm = New frm_ReturnBook
    myFrm.mdiparent = Me
    myFrm.show()
End Sub
```

编写"添加读者信息"菜单项的单击事件的代码如下。

代码 7-29:"添加读者信息"菜单项的单击事件

```
Private Sub MenuItem8_Click(ByVal sender As System.Object, ByVal e As
System.EventArgs) Handles MenuItem8.Click
    myFrm = New frm_ReaderDetails
    myFrm.mdiparent = Me
    myFrm.show()
End Sub
```

编写"编辑读者信息"菜单项的单击事件的代码如下。

代码 7-30:"编辑读者信息"菜单项的单击事件

```
Private Sub MenuItem24_Click_1(ByVal sender As System.Object, ByVal e
As System.EventArgs) Handles MenuItem24.Click
    myFrm = New frm_EditReaderDetails
    myFrm.mdiparent = Me
    myFrm.show()
End Sub
```

编写"删除读者信息"菜单项的单击事件的代码如下。

代码 7-31:"删除读者信息"菜单项的单击事件

```
Private Sub MenuItem25_Click_1(ByVal sender As System.Object, ByVal e
As System.EventArgs) Handles MenuItem25.Click
    myFrm = New frm_DelReader
    myFrm.mdiparent = Me
    myFrm.show()
End Sub
```

编写"索引号报表"菜单项的单击事件的代码如下。

代码 7-32:"索引号报表"菜单项的单击事件

```
Private Sub MenuItem5_Click(ByVal sender As System.Object, ByVal e As
System.EventArgs) Handles MenuItem5.Click
    myFrm = New view_Userlisting
    myFrm.mdiparent = Me
```

```
    myFrm.show()
End Sub
```

编写"用户报表"菜单项的单击事件的代码如下。

代码 7-33："用户报表"菜单项的单击事件

```
Private Sub MenuItem32_Click(ByVal sender As System.Object, ByVal e As
System.EventArgs) Handles MenuItem32.Click
    myFrm = New view_BookCodes
    myFrm.mdiparent = Me
    myFrm.show()
End Sub
```

编写"书籍类型报表"菜单项的单击事件的代码如下。

代码 7-34："书籍类型报表"菜单项的单击事件

```
Private Sub MenuItem33_Click(ByVal sender As System.Object, ByVal e As
System.EventArgs) Handles MenuItem33.Click
    myFrm = New view_BookType
    myFrm.mdiparent = Me
    myFrm.show()
End Sub
```

编写"窗口层叠"菜单项的单击事件的代码如下。

代码 7-35："窗口层叠"菜单项的单击事件

```
Private Sub MenuItem28_Click(ByVal sender As System.Object, ByVal e As
System.EventArgs) Handles MenuItem28.Click
    Me.LayoutMdi(MdiLayout.Cascade)
End Sub
```

编写"水平平铺"菜单项的单击事件的代码如下。

代码 7-36："水平平铺"菜单项的单击事件

```
Private Sub MenuItem34_Click(ByVal sender As System.Object, ByVal e As
System.EventArgs) Handles MenuItem34.Click
    Me.LayoutMdi(MdiLayout.TileHorizontal)
End Sub
```

编写"垂直平铺"菜单项的单击事件的代码如下。

代码 7-37："垂直平铺"菜单项的单击事件

```
Private Sub MenuItem38_Click(ByVal sender As System.Object, ByVal e As
System.EventArgs) Handles MenuItem38.Click
    Me.LayoutMdi(MdiLayout.TileVertical)
End Sub
```

编写"排列图标"菜单项的单击事件的代码如下。

代码 7-38："排列图标"菜单项的单击事件

```
Private Sub MenuItem39_Click(ByVal sender As System.Object, ByVal e As
System.EventArgs) Handles MenuItem39.Click
```

```
    Me.LayoutMdi(MdiLayout.ArrangeIcons)
End Sub
```

7.4.3　设计关于系统界面 frm_about.vb

关于系统界面的设计如图 7-20 所示。

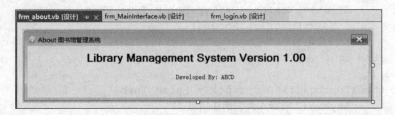

图 7-20　关于系统界面

该界面的设计步骤为：在界面中拖入 1 个 Label 控件，用于显示文本。

7.4.4　设计添加图书类型界面 frm_AddBookType.vb

添加图书类型界面的设计如图 7-21 所示。

图 7-21　添加图书类型

该界面的设计步骤为：首先拖入 1 个 GroupBox 控件，作为"书籍类型信息"；然后拖入 2 个 Label 控件，用于显示文本信息；再拖入 2 个 TextBox 控件；最后拖入 3 个 Button 控件，分别作为"添加""重置""退出"按钮。

进入该界面的代码文件，首先定义全局变量：

```
Dim MyConnection As New OleDbConnection("Provider=Microsoft.Jet.
OLEDB.4.0;Data Source=" & Application.StartupPath & "\library.mdb")
Dim MyCommand As OleDbCommand
Dim MyReader As OleDbDataReader
```

编写"添加"按钮的单击事件的代码如下。

代码 7-39："添加"按钮的单击事件

```
Private Sub BtnAdd_Click(ByVal sender As System.Object, ByVal e As
System.EventArgs) Handles BtnAdd.Click
```

```
        If checkTextbox(TxtTypeNo) = False Then
            displayMsg(" 请输入新的书籍类型编号 ")
        Else
            If checkIfAlreadyExists() = True Then
                displayMsg(" 书籍类型编号已经存在，请重新输入 ")
                Exit Sub
            Else
                If checkTextbox(TxtTypeNo) = True Then
                    TxtDescript.Focus()
                End If
            End If
        End If
        If checkTextbox(TxtDescript) = False Then
            displayMsg(" 请输入类型描述信息 ")
            Exit Sub
        Else
            If checkTextbox(TxtDescript) = True Then
                BtnAdd.Focus()
            End If
        End If
        addBookType()
        displayMsg(" 新的书籍类型信息已被添加到数据库中 ")
        clearfields()
        TxtTypeNo.Focus()
    End Sub
```

代码 7-39 调用了 displayMsg( )、addBookType( )、checkIfAlreadyExists( )、clearfields( )、checkTextbox( ) 方法，编写 displayMsg( ) 方法的代码如下。

代码 7-40：displayMsg( ) 方法

```
Function displayMsg(ByVal myMsgText As String)
    MsgBox(myMsgText, MsgBoxStyle.Information, " 图书馆管理系统 ")
End Function
```

编写 addBookType( ) 方法的代码如下。

代码 7-41：addBookType( ) 方法

```
Function addBookType()
    MyConnection.Open()
    MyCommand = New OleDbCommand( "INSERT INTO BookType VALUES( '" &
    TxtTypeNo.Text & "' ,'" & TxtDescript.Text & "')", MyConnection)
    MyCommand.ExecuteNonQuery()
    MyConnection.Close()
    MyCommand.dispose()
End Function
```

编写 checkIfAlreadyExists( ) 方法的代码如下。

代码 7-42：checkIfAlreadyExists( ) 方法

```
Function checkIfAlreadyExists () As Boolean
    Dim temp As String
```

```
    MyConnection.Open()
    MyCommand = New OleDbCommand("SELECT * FROM BookType WHERE Type ='"
    & TxtTypeNo.Text & "'", MyConnection)
    MyReader = MyCommand.ExecuteReader()
    While MyReader.Read
        temp = MyReader("Type")
    End While
    MyConnection.Close()
    MyReader.Close()
    MyCommand.dispose()
    If temp = TxtTypeNo.Text Then
        Return True
    Else
        If temp <> TxtTypeNo.Text Then
            Return False
        End If
    End If
End Function
```

编写 clearfields( ) 方法的代码如下。

代码 7-43: clearfields( ) 方法

```
Function clearfields()
    TxtTypeNo.Text = ""
    TxtDescript.Text = ""
End Function
```

编写 checkTextbox( ) 方法的代码如下。

代码 7-44: checkTextbox( ) 方法

```
Function checkTextbox (ByVal t As TextBox) As Boolean
    If t.Text = "" Then
        Return (False)
    Else
        Return True
    End If
End Function
```

编写"重置"按钮的单击事件的代码如下。

代码 7-45: "重置"按钮的单击事件

```
Private Sub BtnClear_Click(ByVal sender As System.Object, ByVal e As
System.EventArgs) Handles BtnClear.Click
    clearfields()
End Sub
```

编写"退出"按钮的单击事件的代码如下。

代码 7-46: "退出"按钮的单击事件

```
Private Sub Button3_Click(ByVal sender As System.Object, ByVal e As
System.EventArgs) Handles Button3.Click
```

```
    Me.Close()
End Sub
```

7.4.5 添加图书信息界面 frm_AddNewBook.vb

添加图书信息界面的设计如图 7-22 所示。

图 7-22 添加图书信息界面

该界面的设计步骤为：首先拖入 1 个 GroupBox 控件，用于显示"书籍信息"部分；再拖入多个 Label 控件，显示对应的文本信息；然后依次拖入 TextBox 控件，用于"编号""ISDN 号码""书籍名称""索引号""书籍类型""描述""作者""编辑""出版日期""添加日期"的输入和显示；再拖入 3 个 ComboBox 控件，用于"索引号""书籍类型"和"当前状态"的选择；在右侧拖入 1 个 GroupBox 控件，用于显示"图片"部分；然后拖入 1 个 PictureBox 控件；再拖入 4 个 Button 控件，依次作为"加载图片""添加""重置"和"退出"按钮；最后拖入 1 个打开文件对话框控件 OpenFileDialog，用于在单击"加载图片"按钮时浏览文件。

进入该界面的代码文件，编写全局变量的定义如下。

```
Dim picPath As String = "C:\pictures\nopic.jpg"
Dim bookPicture As System.Drawing.Bitmap
Dim MyConnection As New OleDbConnection("Provider=Microsoft.Jet.
OLEDB.4.0;Data Source=" & Application.StartupPath & "\Library.mdb")
Dim MyCommand As OleDbCommand
Friend WithEvents OpenFileDialog1 As System.Windows.Forms.
OpenFileDialog
Dim MyReader As OleDbDataReader
```

编写"索引号"对应的 ComboBox 控件的 SelectedIndexChanged 事件的代码如下。

代码 7-47：“索引号”对应的 ComboBox 控件的 SelectedIndexChanged 事件

```
Private Sub ComboBookCode_SelectedIndexChanged(ByVal sender As
System.Object, ByVal e As System.EventArgs) Handles ComboBookCode.
SelectedIndexChanged
    MyConnection.Open()
    MyCommand = New OleDbCommand("SELECT * FROM BookCode WHERE Code ='"
    & ComboBookCode.Text & "'", MyConnection)
    MyReader = MyCommand.ExecuteReader()
    While MyReader.Read
        TxtBookCode.Text = MyReader("Desc1")
    End While
    MyConnection.Close()
    MyReader.Close()
    MyCommand.Dispose()
End Sub
```

编写“书籍类型”ComboBox 控件的 SelectedIndexChanged 事件的代码如下。

代码 7-48：ComboBox 控件的 SelectedIndexChanged 事件

```
Private Sub ComboBookType_SelectedIndexChanged(ByVal sender As
System.Object, ByVal e As System.EventArgs) Handles ComboBookType.
SelectedIndexChanged
    MyConnection.Open()
    MyCommand = New OleDbCommand("SELECT * FROM BookType WHERE Type ='"
    & ComboBookType.Text & "'", MyConnection)
    MyReader = MyCommand.ExecuteReader()
    While MyReader.Read
        TxtBookType.Text = MyReader("Desc")
    End While
    MyConnection.Close()
    MyReader.Close()
    MyCommand.Dispose()
End Sub
```

编写“当前状态”ComboBox 控件的 KeyPress 事件的代码如下。

代码 7-49：ComboBox 控件的 KeyPress 事件

```
Private Sub ComboboxBox3_KeyPress(ByVal sender As Object, ByVal e As
System.Windows.Forms.KeyPressEventArgs) Handles ComboStatus.KeyPress
    Dim strChar As String
    strChar = e.KeyChar
    Select Case strChar
        Case ChrW(System.Windows.Forms.Keys.Enter)
            If checkCombobox(ComboStatus) = False Then
                display_MsgBox(" 请在文本框中输入信息 ")
            Else
                If checkCombobox(ComboStatus) = True Then
                    TxtAdditionDate.Focus()
                End If
            End If
```

```
        Case Else
            ' 什么也不做
    End Select
End Sub
```

编写"加载图片"按钮的单击事件的代码如下。

代码 7-50："加载图片"按钮的单击事件

```
Private Sub BtnLoad_Click(ByVal sender As System.Object, ByVal e As
System.EventArgs) Handles BtnLoad.Click
    MsgBox("The Image should not be greater than " + PictureBox1.
    Width.ToString + " X" + PictureBox1.Height.ToString, MsgBoxStyle.
    Information, " 图书馆管理系统 ")
    OpenFileDialog1.Filter = "Picture Files|*.jpg|*.bmp|*.gif"
    OpenFileDialog1.ShowDialog()
End Sub
```

编写"添加"按钮的单击事件的代码如下。

代码 7-51："添加"按钮的单击事件

```
Private Sub BtnAdd_Click(ByVal sender As System.Object, ByVal e As
System.EventArgs) Handles BtnAdd.Click
    If checkSpecificFields() = False Then
        display_MsgBox(" 请在相应的文本框中添加书籍信息 ")
    Else
        If checkSpecificFields() = True Then
            add_BookIntoDatabase()
            Beep()
            TxtSN.Focus()
            display_MsgBox(" 书籍信息已被添加到数据库 ")
            clearFields()
        End If
    End If
End Sub
```

编写"重置"按钮的单击事件的代码如下。

代码 7-52："重置"按钮的单击事件

```
Private Sub Button3_Click(ByVal sender As System.Object, ByVal e As
System.EventArgs) Handles BtnClear.Click
    clearFields()
    TxtSN.Focus()
    Beep()
End Sub
```

编写"编号"TextBox 控件的 KeyPress 事件的代码如下。

代码 7-53："编号"TextBox 控件的 KeyPress 事件

```
Private Sub TxtSN_KeyPress(ByVal sender As Object, ByVal e As System.
Windows.Forms.KeyPressEventArgs) Handles TxtSN.KeyPress
    Dim strChar As String
```

```
        strChar = e.KeyChar
        Select Case strChar
            Case ChrW(System.Windows.Forms.Keys.Enter)
                If checkTextbox(TxtSN) = False Then
                    display_MsgBox("请在文本框中输入信息")
                Else
                    If checkIfAlreadyExists() = True Then
                        display_MsgBox("书籍的编号已经存在!")
                    Else
                    If checkTextbox(TxtSN) = True And checkIfAlreadyExists() =
        False Then
                            TxtISBN.Focus()
                        End If
                    End If
                End If
            Case Else
                '什么也不做
        End Select
    End Sub
```

编写“ISBN 编号”TextBox 控件的 KeyPress 事件的代码如下。

代码 7-54：“ISBN 编号”TextBox 控件的 KeyPress 事件

```
Private Sub TxtISBN_KeyPress(ByVal sender As Object, ByVal e As System.
Windows.Forms.KeyPressEventArgs) Handles TxtISBN.KeyPress
    Dim strChar As String
    strChar = e.KeyChar
    Select Case strChar
        Case ChrW(System.Windows.Forms.Keys.Enter)
            If checkTextbox(TxtISBN) = False Then
                display_MsgBox("请在文本框中输入信息")
            Else
                If checkTextbox(TxtISBN) = True Then
                    TxtBookName.Focus()
                End If
            End If
        Case Else
            '什么也不做
    End Select
End Sub
```

编写“书籍名称”TextBox 控件的 KeyPress 事件的代码如下。

代码 7-55：“书籍名称”TextBox 控件的 KeyPress 事件

```
Private Sub TextBox3_KeyPress(ByVal sender As Object, ByVal e As
System.Windows.Forms.KeyPressEventArgs) Handles TxtBookName.KeyPress
    Dim strChar As String
    strChar = e.KeyChar
    Select Case strChar
        Case ChrW(System.Windows.Forms.Keys.Enter)
```

```
        If checkTextbox(TxtBookName) = False Then
            display_MsgBox("Please Fill in the field")
        Else
            If checkTextbox(TxtBookName) = True Then
                ComboBookCode.Focus()
            End If
        End If
    Case Else
        '什么也不做
    End Select
End Sub
```

编写"描述"TextBox 控件的 KeyPress 事件的代码如下。

代码 7-56："描述"TextBox 控件的 KeyPress 事件

```
Private Sub TextBox6_KeyPress(ByVal sender As Object, ByVal e As
System.Windows.Forms.KeyPressEventArgs) Handles TxtBookDes.KeyPress
    Dim strChar As String
    strChar = e.KeyChar
    Select Case strChar
        Case ChrW(System.Windows.Forms.Keys.Enter)
            If checkTextbox(TxtBookDes) = False Then
                display_MsgBox("Please Fill in the field")
            Else
                If checkTextbox(TxtBookDes) = True Then
                    TxtBookAuthor.Focus()
                End If
            End If
        Case Else
            '什么也不做
    End Select
End Sub
```

编写"作者"TextBox 控件的 KeyPress 事件的代码如下。

代码 7-57："作者"TextBox 控件的 KeyPress 事件

```
Private Sub TextBox7_KeyPress(ByVal sender As Object, ByVal e As
System.Windows.Forms.KeyPressEventArgs) Handles TxtBookAuthor.KeyPress
    Dim strChar As String
    strChar = e.KeyChar
    Select Case strChar
        Case ChrW(System.Windows.Forms.Keys.Enter)
            If checkTextbox(TxtBookAuthor) = False Then
                display_MsgBox("Please Fill in the field")
            Else
                If checkTextbox(TxtBookAuthor) = True Then
                    TxtEdition.Focus()
                End If
            End If
        Case Else
```

```
            ' 什么也不做
        End Select
    End Sub
```

编写"编辑"TextBox 控件的 KeyPress 事件的代码如下。

代码 7-58:"编辑" TextBox 控件的 KeyPress 事件

```
Private Sub TextBox8_KeyPress(ByVal sender As Object, ByVal e As
System.Windows.Forms.KeyPressEventArgs) Handles TxtEdition.KeyPress
    Dim strChar As String
    strChar = e.KeyChar
    Select Case strChar
        Case ChrW(System.Windows.Forms.Keys.Enter)
            If checkTextbox(TxtEdition) = False Then
                display_MsgBox("Please Fill in the field")
            Else
                If checkTextbox(TxtEdition) = True Then
                    TxtPublishdate.Focus()
                End If
            End If
        Case Else
            ' 什么也不做
    End Select
End Sub
```

编写"出版日期"TextBox 控件的 KeyPress 事件的代码如下。

代码 7-59:"出版日期" TextBox 控件的 KeyPress 事件

```
Private Sub TextBox9_KeyPress(ByVal sender As Object, ByVal e As
System.Windows.Forms.KeyPressEventArgs) Handles TxtPublishdate.KeyPress
    Dim strChar As String
    strChar = e.KeyChar
    Select Case strChar
        Case ChrW(System.Windows.Forms.Keys.Enter)
            If checkTextbox(TxtPublishdate) = False Then
                display_MsgBox("Please Fill in the field")
            Else
                If checkTextbox(TxtPublishdate) = True Then
                    Dim myText As String = TxtPublishdate.Text
                    ComboStatus.Focus()
                End If
            End If
        Case Else
            ' 什么也不做
    End Select
End Sub
```

编写"添加日期"TextBox 控件的 KeyPress 事件的代码如下。

代码 7-60:"添加日期" TextBox 控件的 KeyPress 事件

```
Private Sub TextBox10_KeyPress(ByVal sender As Object, ByVal e As System.
Windows.Forms.KeyPressEventArgs) Handles TxtAdditionDate.KeyPress
```

```
    Dim strChar As String
    strChar = e.KeyChar
    Select Case strChar
        Case ChrW(System.Windows.Forms.Keys.Enter)
            If checkTextbox(TxtAdditionDate) = False Then
                display_MsgBox("Please Fill in the field")
            Else
                If checkTextbox(TxtAdditionDate) = True Then
                    Dim myText2 = TxtAdditionDate.Text
                    BtnAdd.Focus()
                End If
            End If
        Case Else
            ' 什么也不做
    End Select
End Sub
```

7.4.6 设计添加书籍费用信息界面 frm_AddNewCharges.vb

添加书籍费用信息界面的设计如图 7-23 所示。

该界面的设计步骤为：首先拖入 1 个 GroupBox 控件，用于显示"书籍费用信息"部分；再拖入多个 Label 控件，用于显示相应的文本；依次拖入 3 个 TextBox 控件，分别用作"费用编号""费用描述"和"费用"的输入框；最后拖入 3 个 Button 控件，分别作为"添加""重置"和"退出"按钮。

进入该界面的代码文件，首先编写全局变量，代码如下。

图 7-23 添加书籍费用信息界面

代码 7-61：编写全局变量

```
Dim MyConnection As New OleDbConnection("Provider=Microsoft.Jet.
OLEDB.4.0;Data Source=" & Application.StartupPath & "\Library.mdb")
Dim MyCommand
Dim e As Exception
Dim MyCommand2
Dim MyReader As OleDbDataReader
Dim MyReader2 As OleDbDataReader
Dim dbset As New DataSet
Dim dataA
Dim currentDate As Date
Dim lockedUser As String
```

编写"费用编号"TextBox 控件的 KeyPress 事件的代码如下。

代码 7-62："费用编号"TextBox 控件的 KeyPress 事件

```
Private Sub TextBox1_KeyPress(ByVal sender As Object, ByVal e As
System.Windows.Forms.KeyPressEventArgs) Handles TextBox1.KeyPress
```

```
    Dim strChar As String
    strChar = e.KeyChar
    Select Case strChar
        Case ChrW(System.Windows.Forms.Keys.Enter)
            If checkTextbox(TextBox1) = False Then
                displayMsg("Please fill in the textbox")
            Else
                If checkTextbox(TextBox1) = True Then
                    TextBox2.Focus()
                End If
            End If
        Case Else
            'do nothing
    End Select
End Sub
```

编写"费用描述"TextBox 控件的 KeyPress 事件的代码如下。

代码 7-63："费用描述"TextBox 控件的 KeyPress 事件

```
Private Sub TextBox2_KeyPress(ByVal sender As Object, ByVal e As
System.Windows.Forms.KeyPressEventArgs) Handles TextBox2.KeyPress
    Dim strChar As String
    strChar = e.KeyChar
    Select Case strChar
        Case ChrW(System.Windows.Forms.Keys.Enter)
            If checkTextbox(TextBox2) = False Then
                displayMsg("Please fill in the textbox")
            Else
                If checkTextbox(TextBox2) = True Then
                    TextBox3.Focus()
                End If
            End If
        Case Else
            'do nothing
    End Select
End Sub
```

编写"费用"TextBox 控件的 KeyPress 事件的代码如下。

代码 7-64："费用"TextBox 控件的 KeyPress 事件

```
Private Sub TextBox3_KeyPress(ByVal sender As Object, ByVal e As
System.Windows.Forms.KeyPressEventArgs) Handles TextBox3.KeyPress
    Dim strChar As String
    strChar = e.KeyChar
    Select Case strChar
        Case ChrW(System.Windows.Forms.Keys.Enter)
            If checkTextbox(TextBox3) = False Then
                displayMsg("Please fill in the textbox")
            Else
                If checkTextbox(TextBox3) = True Then
                    Button1.Focus()
```

```
                End If
            End If
        Case Else
            'do nothing
    End Select
End Sub
```

编写"添加"按钮的单击事件的代码如下。

代码 7-65："添加"按钮的单击事件

```
Private Sub Button1_Click(ByVal sender As System.Object, ByVal e As
System.EventArgs)
    If checkIfAlreadyExists() = False Then
        displayMsg("The Entered Data Already Exists in the Database,
        Please Enter Another Charge No")
        TextBox1.Focus()
        clearfields()
    Else
        If checkIfAlreadyExists() = True Then
            addCharges()
            displayMsg("The Data has been added into the database")
            clearfields()
            TextBox1.Focus()
        End If
    End If
End Sub
```

代码 7-65 调用了 displayMsg( )、clearfields( )、checkIfAlreadyExists( ) 和 addCharges( ) 方法，编写 displayMsg( ) 方法的代码如下。

代码 7-66: displayMsg( ) 方法

```
Function displayMsg(ByVal myMsgText As String)
    MsgBox(myMsgText, MsgBoxStyle.Information, "图书馆管理系统")
End Function
```

编写 clearfields( ) 方法的代码如下。

代码 7-67: clearfields( ) 方法

```
Function clearfields()
    TextBox1.Text = ""
    TextBox2.Text = ""
    TextBox3.Text = ""
    TextBox4.Text = ""
End Function
```

编写 checkIfAlreadyExists( ) 方法的代码如下。

代码 7-68: checkIfAlreadyExists( ) 方法

```
Function checkIfAlreadyExists() As Boolean
    getbyname()
    If TextBox4.Text = TextBox1.Text Then
```

```
            Return False
      Else
            Return True
      End If
End Function
```

编写 addCharges( ) 方法的代码如下。

代码 7-69：addCharges( ) 方法

```
Function addCharges()
      MyConnection.Open()
      MyCommand = New OleDbCommand("INSERT INTO Charges VALUES('" &
      TextBox1.Text & "','" & TextBox2.Text & "', '" & TextBox3.Text &
      "')", MyConnection)
      MyCommand.ExecuteNonQuery()
      MyConnection.Close()
      MyCommand.dispose()
End Function
```

编写"重置"按钮的单击事件的代码如下。

代码 7-70："重置"按钮的单击事件

```
Private Sub Button2_Click(ByVal sender As System.Object, ByVal e As
System.EventArgs) Handles Button2.Click, Button1.Click
      clearfields()
End Sub
```

代码 7-70 调用了 clearfields( ) 方法。

7.4.7　设计添加用户信息界面 frm_AddUser.vb

添加用户信息界面的设计如图 7-24 所示。

图 7-24　添加用户信息界面

    该界面的设计步骤为：首先拖入多个 Label 控件，用于显示相应的文本；依次拖入多个 TextBox 控件，作为"用户编号""用户姓名""密码""地址""电话""手机"和"E-mail"的输入框；拖入 1 个 ComboBox 控件，作为"状态"的选择；再拖入 1 个 GroupBox 控件，用于显示"权限设置"部分；拖入 3 个 Label 控件，显示相应的文本；再拖入 3 个 ComboBox 控件，分别用于"系统管理员权限""图书管理员权限"和"一般管理员权限"的选择；最后拖入 2 个 Button 控件，分别用于"确定"和"关闭"按钮。

    进入该界面的代码文件，首先定义全局变量如下。

代码 7-71：定义全局变量

```
Dim MyConnection As New OleDbConnection("Provider=Microsoft.Jet.
OLEDB.4.0;Data Source=" & Application.StartupPath & "\library.mdb")
Dim MyCommand As OleDbCommand
Dim MyReader As OleDbDataReader
```

编写该窗体的 Form_Load 事件的代码如下。

代码 7-72：窗体的 **Form_Load** 事件

```
Private Sub FrmAddUser_Load(ByVal sender As System.Object, ByVal e As
System.EventArgs) Handles MyBase.Load
    ComboAdmin.SelectedIndex = 0
    ComboLib.SelectedIndex = 0
    ComboGeneral.SelectedIndex = 0
    ComboStatus.SelectedIndex = 0
End Sub
```

编写"确定"按钮的单击事件的代码如下。

代码 7-73："确定"按钮的单击事件

```
Private Sub BtOK_Click(ByVal sender As System.Object, ByVal e As
System.EventArgs) Handles BtOK.Click
    If Trim(TxtUserID.Text) = "" Then
        displayMsg("输入的用户编号不能为空！")
        Exit Sub
    End If
    If Trim(TxtName.Text) = "" Then
        displayMsg("输入的用户姓名不能为空！")
        Exit Sub
    End If
    If Trim(TxtPassword.Text) = "" Then
        displayMsg("输入的密码不能为空！")
        Exit Sub
    End If
    If checkIfAlreadyExists() = True Then
        displayMsg("用户编号已经存在请重新输入！")
        Exit Sub
    Else
        addUser()
        displayMsg("用户信息已被成功添加到数据库！")
    End If
End Sub
```

代码 7-73 调用了 displayMsg( )、checkIfAlreadyExists( )、addUser( ) 方法。编写 displayMsg( ) 方法的代码如下。

代码 7-74: displayMsg( ) 方法

```
Sub displayMsg(ByVal myMsgText As String)
    MsgBox(myMsgText, MsgBoxStyle.Information, "图书馆管理系统")
End Sub
```

编写 checkIfAlreadyExists( ) 方法的代码如下。

代码 7-75: checkIfAlreadyExists( ) 方法

```
Function checkIfAlreadyExists() As Boolean
    Dim temp As String
    MyConnection.Open()
    MyCommand = New OleDbCommand("SELECT * FROM SystemUsers WHERE
    UserID='" & TxtUserID.Text & "'", MyConnection)
    MyReader = MyCommand.ExecuteReader()
    While MyReader.Read
        temp = MyReader("UserID")
    End While
    MyConnection.Close()
    MyReader.Close()
    MyCommand.dispose()
    If temp = TxtUserID.Text Then
        Return True
    Else
        If temp <> TxtUserID.Text Then
            Return False
        End If
    End If
End Function
```

编写 addUser( ) 方法的代码如下。

代码 7-76: addUser( ) 方法

```
Sub addUser()
    MyConnection.Open()
    MyCommand = New OleDbCommand("INSERT INTO SystemUsers VALUES('"
    & TxtUserID.Text & "','" & TxtName.Text & "','" & TxtPassword.
    Text & "','" & ComboStatus.Text & "','" & TxtAddress.Text & "','"
    & TxtPhone.Text & "','" & TxtCellPhone.Text & "','" & TxtEmail.
    Text & "','" & ComboAdmin.Text & "','" & ComboLib.Text & "','" &
    ComboGeneral.Text & "')", MyConnection)
    MyCommand.ExecuteNonQuery()
    MyConnection.Close()
    MyCommand.Dispose()
End Sub
```

7.4.8 设计备份数据库界面 frm_BackUp.vb

备份数据库界面的设计如图 7-25 所示。

图 7-25　备份数据库界面

该界面的设计步骤为：首先拖入 1 个 GroupBox 控件，显示"备份设置"部分；然后拖入多个 Label 控件，用于显示对应的文本；拖入 2 个 TextBox 控件，分别作为"源地址"和"目标地址"的输入框；再拖入 2 个 Button 控件，作为 ⋯ 按钮；在下面位置拖入 1 个 ProgressBar 控件,用于显示数据库备份的进度情况；最后拖入 2 个 Button 控件,分别作为"备份"和"退出"按钮。

进入该界面的代码文件，首先定义全局变量如下。

代码 7-77：定义全局变量

```
Dim MyConnection As New OleDbConnection("Provider=Microsoft.Jet.
OLEDB.4.0;Data Source=" & Application.StartupPath & "\Library.mdb")
Dim MyCommand As OleDbCommand
Dim MyReader As OleDbDataReader
```

编写该界面的 Form_Load 事件的代码如下。

代码 7-78：界面的 Form_Load 事件

```
Private Sub frm_BackUp_Load(ByVal sender As System.Object, ByVal e As
System.EventArgs) Handles MyBase.Load
    MyConnection.Open()
    MyCommand = New OleDbCommand("SELECT * FROM Backup", MyConnection)
    MyReader = MyCommand.ExecuteReader()
    While MyReader.Read
        TxtSourceAddress.Text = MyReader("Source")
        TxtDest.Text = MyReader("Dest")
    End While
    MyConnection.Close()
    MyReader.Close()
End Sub
```

编写"源地址"对应的 Button 按钮的单击事件的代码如下。

代码 7-79：Button 按钮的单击事件

```
Private Sub BtnBrowser_Click(ByVal sender As System.Object, ByVal e As
System.EventArgs) Handles BtnBrowser.Click
```

```
    Dim objOpenFile As New OpenFileDialog
    Dim filePath As String
    objOpenFile.Filter = "所有文件 (*.*)|*.*"
    If objOpenFile.ShowDialog() = Windows.Forms.DialogResult.OK And
    objOpenFile.FileName <> "" Then
        filePath = objOpenFile.FileName
    End If
    TxtSourceAddress.Text = filePath
End Sub
```

编写"目标地址"对应的 Button 按钮的单击事件的代码如下。

代码 7-80: Button 按钮的单击事件

```
Private Sub Button7_Click(ByVal sender As System.Object, ByVal e As
System.EventArgs) Handles Button7.Click
    Dim objOpenFile As New OpenFileDialog
    Dim filePath As String
    objOpenFile.Filter = "所有文件 (*.*)|*.*"
    If objOpenFile.ShowDialog() = Windows.Forms.DialogResult.OK And
    objOpenFile.FileName <> "" Then
        filePath = objOpenFile.FileName
    End If
    TxtSourceAddress.Text = filePath
End Sub
```

编写"备份"按钮的单击事件的代码如下。

代码 7-81: "备份"按钮的单击事件

```
Private Sub BtnBackup_Click(ByVal sender As System.Object, ByVal e As
System.EventArgs) Handles BtnBackup.Click
    updatePath()
    Label3.Text = "初始化 ..."
    ProgressBar1.Increment(20)
    Label3.Text = "..."
    myWait(2500)
    Label3.Text = "...."
    Label3.Text = "....."
    Label3.Text = "......"
    ProgressBar1.Increment(20)
    Dim foldername As String = Date.Now.Day.ToString + "-" + Date.Now.
    Month.ToString + "-" + Date.Now.Year.ToString
    Dim filename As String = Date.Now.Hour.ToString + "-" + Date.Now.
    Minute.ToString + "-" + Date.Now.Second.ToString
    Dim direcname = TxtDest.Text + foldername
    Dim sourcepath As String = TxtSourceAddress.Text
    myWait(2500)
    Label3.Text = "创建文件夹 ..."
    Label3.Text = "..."
    Label3.Text = "...."
    Label3.Text = "....."
    Label3.Text = "......"
```

```
        ProgressBar1.Increment(20)
        myWait(2500)
        If Directory.Exists(direcname) = True Then
        Else
            If Directory.Exists(direcname) = False Then
                Directory.CreateDirectory(direcname)
            End If
        End If
        ProgressBar1.Increment(20)
        Label3.Text = "备份数据库 ..."
        Label3.Text = "..."
        Label3.Text = "...."
        Label3.Text = "....."
        Label3.Text = "......"
        File.Copy(sourcepath, direcname + "\" + filename + ".backup")
        myWait(2500)
        ProgressBar1.Increment(20)
        Label3.Text = "备份完成 ..."
        MsgBox("备份完成!", MsgBoxStyle.OkOnly, "图书馆管理系统")
    End Sub
```

代码 7-81 中调用了 myWait( ) 和 updatePath( ) 方法。编写 myWait( ) 方法的代码如下。

代码 7-82：myWait( ) 方法

```
Sub myWait (ByVal mySeconds As Integer)
    Dim myTime As Integer
    myTime = 0
    While myTime <= mySeconds
        myTime = myTime + 1
        Label3.Text = "..."
        Label3.Text = "...."
        Label3.Text = "....."
        Label3.Text = "......"
    End While
End Sub
```

编写 updatePath( ) 方法的代码如下。

代码 7-83：updatePath( ) 方法

```
Sub updatePath()
    MyConnection.Open()
    MyCommand = New OleDbCommand("UPDATE Backup SET Source ='" & Txt-
SourceAddress.Text & "',Dest = '" & TxtDest.Text & "' ", MyConnection)
    Try
        MyCommand.ExecuteNonQuery()
    Catch c As Exception
        MsgBox(c.ToString)
    End Try
    MyConnection.Close()
```

```
        MyCommand.Dispose()
End Sub
```

7.4.9　设计修改密码界面 frm_ChangePassword.vb

修改密码界面的设计界面如图 7-26 所示。

图 7-26　修改密码界面

该界面的设计步骤为：首先拖入 1 个 GroupBox 控件，用于显示"用户信息"部分；再拖入多个 Label 控件，用于显示对应的文本信息；依次拖入 4 个 TextBox 控件，分别作为"用户编号""旧密码""新密码""重新输入密码"的输入框；最后拖入 3 个 Button 控件，分别作为"修改""重置"和"退出"按钮。

进入该界面的代码文件，首先定义全局变量如下。

代码 7-84：定义全局变量

```
Dim MyConnection As New OleDbConnection("Provider=Microsoft.Jet.
OLEDB.4.0;Data Source=" & Application.StartupPath & "\Library.mdb")
Dim MyCommand As OleDbCommand
Dim MyReader As OleDbDataReader
Dim tempID As String
Dim tempStatus As String
```

编写"用户编号"TextBox 控件的 KeyPress 事件的代码如下。

代码 7-85："用户编号"TextBox 控件的 KeyPress 事件

```
Private Sub TxtUserID_KeyPress(ByVal sender As Object, ByVal e As
System.Windows.Forms.KeyPressEventArgs) Handles TxtUserID.KeyPress
    Dim strChar As String
    strChar = e.KeyChar
    Select Case strChar
        Case ChrW(System.Windows.Forms.Keys.Enter)
            TxtOldPass.Focus()
        Case Else
            ' 什么也不做
    End Select
End Sub
```

编写"旧密码"TextBox 控件的 KeyPress 事件的代码如下。

代码 7-86："旧密码" TextBox 控件的 KeyPress 事件

```
Private Sub TextBox2_KeyPress(ByVal sender As Object, ByVal e As
System.Windows.Forms.KeyPressEventArgs) Handles TxtOldPass.KeyPress
    Dim strChar As String
    strChar = e.KeyChar
    Select Case strChar
        Case ChrW(System.Windows.Forms.Keys.Enter)
            TxtNewPass.Focus()
        Case Else
            '什么也不做
    End Select
End Sub
```

编写"新密码"TextBox 控件的 KeyPress 事件的代码如下。

代码 7-87："新密码" TextBox 控件的 KeyPress 事件

```
Private Sub TextBox3_KeyPress(ByVal sender As Object, ByVal e As
System.Windows.Forms.KeyPressEventArgs) Handles TxtNewPass.KeyPress
    Dim strChar As String
    strChar = e.KeyChar
    Select Case strChar
        Case ChrW(System.Windows.Forms.Keys.Enter)
            TxtAgain.Focus()
        Case Else
            '什么也不做
    End Select
End Sub
```

编写"重新输入密码"TextBox 控件的 KeyPress 事件的代码如下。

代码 7-88："重新输入密码" TextBox 控件的 KeyPress 事件

```
Private Sub TxtAgain_KeyPress(ByVal sender As Object, ByVal e As
System.Windows.Forms.KeyPressEventArgs) Handles TxtAgain.KeyPress
    Dim strChar As String
    strChar = e.KeyChar
    Select Case strChar
        Case ChrW(System.Windows.Forms.Keys.Enter)
        Case Else
            '什么也不做
    End Select
End Sub
```

编写"修改"按钮的单击事件的代码如下。

代码 7-89："修改" 按钮的单击事件

```
Private Sub BtnModify_Click(ByVal sender As System.Object, ByVal e As
System.EventArgs) Handles BtnModify.Click
    If checkpassword() = False Or checkUserID() = False Then
        displayMsg("密码与用户编号不对应或者用户编号不存在")
```

```
        TxtUserID.Focus()
    ElseIf checkConfirmPassword() = False Then
        displayMsg("两次输入的密码不一致，请重新输入")
        Exit Sub
    Else
        If checkpassword() = True And checkUserID() = True Then
            updatePassword()
            displayMsg("你的密码已被更新")
            clearfields()
        End If
    End If
End Sub
```

代码 7-89 调用了 checkpassword( )、checkUserID( )、displayMsg( )、checkConfirmPassword( )、updatePassword( ) 方法。编写 checkpassword( ) 方法的代码如下。

代码 7-90：checkpassword( ) 方法

```
Function checkpassword() As Boolean
    Dim tempPass As String
    MyConnection.Open()
    MyCommand = New OleDbCommand("SELECT * FROM SystemUsers WHERE
    UserID ='" & TxtUserID.Text & "'", MyConnection)
    MyReader = MyCommand.ExecuteReader()
    While MyReader.Read
        tempPass = MyReader("Password")
    End While
    MyConnection.Close()
    MyReader.Close()
    MyCommand.Dispose()
    If tempPass = TxtOldPass.Text Then
        Return True
    Else
        Return False
    End If
End Function
```

编写 checkUserID( ) 方法的代码如下。

代码 7-91：checkUserID( ) 方法

```
Function checkUserID() As Boolean
    Dim tempID As String
    MyConnection.Open()
    MyCommand = New OleDbCommand("SELECT * FROM SystemUsers WHERE
    UserID ='" & TxtUserID.Text & "'", MyConnection)
    MyReader = MyCommand.ExecuteReader()
    While MyReader.Read
        tempID = MyReader("UserID")
    End While
    MyConnection.Close()
    MyReader.Close()
    MyCommand.Dispose()
```

```
    If tempID = TxtUserID.Text Then
        Return True
    Else
        Return False
    End If
End Function
```

编写 displayMsg( ) 方法的代码如下。

代码 7-92：displayMsg( ) 方法

```
Function displayMsg(ByVal myMsgText As String)
    MsgBox(myMsgText, MsgBoxStyle.Information, "图书馆管理系统")
End Function
```

编写 checkConfirmPassword( ) 方法的代码如下。

代码 7-93：checkConfirmPassword( ) 方法

```
Function checkConfirmPassword() As Boolean
    If TxtNewPass.Text = TxtAgain.Text Then
        Return True
    Else
        If TxtNewPass.Text <> TxtAgain.Text Then
            Return False
        End If
    End If
End Function
```

编写 updatePassword( ) 方法的代码如下。

代码 7-94：updatePassword( ) 方法

```
Sub updatePassword()
    Dim temp1 As String = TxtNewPass.Text
    Dim temp2 As String = TxtUserID.Text
    MyConnection.Open()
    Try
        MyCommand = New OleDbCommand("UPDATE SystemUsers SET
        [Password] = '" & temp1 & "' WHERE UserID = '" & temp2 & "'",
        MyConnection)
        MyCommand.ExecuteNonQuery()
    Catch c As Exception
        MsgBox(c.ToString)
    End Try
    MyConnection.Close()
    MyCommand.Dispose()
End Sub
```

编写"重置"按钮的单击事件的代码如下。

代码 7-95："重置"按钮的单击事件

```
Private Sub Button2_Click(ByVal sender As System.Object, ByVal e As
System.EventArgs) Handles Button2.Click
```

```
        clearfields()
End Sub
```

上面这段代码调用了 clearfields( ) 方法，编写该方法的代码如下。

代码 7-96：clearfields( ) 方法

```
Function clearfields()
    TxtUserID.Text = ""
    TxtNewPass.Text = ""
    TxtOldPass.Text = ""
    TxtAgain.Text = ""
End Function
```

7.4.10 设计删除书籍信息界面 frm_DelBook.vb

删除书籍信息界面的设计如图 7-27 所示。

图 7-27 删除书籍信息界面

该界面的设计步骤为：首先拖入 1 个 GroupBox 控件，用于显示"查找规则"部分；然后拖入 3 个 CheckBox 控件，分别用作"通过书籍名称""通过 ISDN 号码"和"通过作者"复选框；然后拖入 1 个 TextBox 控件和 1 个 Button 控件；在下面位置拖入 1 个 DataGridView 控件，用于绑定数据。

进入该界面的代码文件，首先定义全局变量，代码如下。

代码 7-97：定义全局变量

```
Dim MyConnection As New OleDbConnection("Provider=Microsoft.Jet.
OLEDB.4.0;Data Source=" & Application.StartupPath & "\Library.mdb")
Dim MyCommand As OleDbCommand
Dim MyReader As OleDbDataReader
Dim dbset As New DataSet
Friend WithEvents BtnSearch As System.Windows.Forms.Button
Friend WithEvents DGResult As System.Windows.Forms.DataGridView
Dim dataA As OleDbDataAdapter
```

编写该界面的 Form_Load 事件的代码如下。

代码 7-98：界面的 Form_Load 事件

```
Private Sub frm_FindBook_Load(ByVal sender As System.Object, ByVal e As
System.EventArgs) Handles MyBase.Load
    DGResult.BorderStyle = BorderStyle.FixedSingle
    TxtCondition.Focus()
End Sub
```

编写"通过书籍名称"复选框的 CheckedChanged 事件的代码如下。

代码 7-99："通过书籍名称"复选框的 CheckedChanged 事件

```
Private Sub ChkBookName_CheckedChanged(ByVal sender As System.Object,
ByVal e As System.EventArgs) Handles ChkBookName.CheckedChanged
    ChkISDN.Checked = False
    ChckAuthor.Checked = False
End Sub
```

编写"通过 ISDN 号码"复选框的 CheckedChanged 事件的代码如下。

代码 7-100："通过 ISDN 号码"复选框的 CheckedChanged 事件

```
Private Sub CheckBox2_CheckedChanged(ByVal sender As System.Object,
ByVal e As System.EventArgs) Handles ChkISDN.CheckedChanged
    ChkBookName.Checked = False
    ChckAuthor.Checked = False
End Sub
```

编写"通过作者"复选框的 CheckChanged 事件的代码如下。

代码 7-101："通过作者"复选框的 CheckChanged 事件

```
Private Sub CheckBox3_CheckedChanged(ByVal sender As System.Object,
ByVal e As System.EventArgs) Handles ChckAuthor.CheckedChanged
    ChkISDN.Checked = False
    ChkBookName.Checked = False
End Sub
```

编写 TextBox 控件的 KeyPress 事件的代码如下。

代码 7-102：TextBox 控件的 KeyPress 事件

```
Private Sub TxtCondition_KeyPress(ByVal sender As Object, ByVal e As
System.Windows.Forms.KeyPressEventArgs) Handles TxtCondition.KeyPress
    Dim strChar As Object
    strChar = e.KeyChar
    Select Case strChar
        Case ChrW(System.Windows.Forms.Keys.Enter)
            If checkTextbox(TxtCondition) = False Then
        MsgBox("请输入搜索条件", MsgBoxStyle.Information, "图书馆管理系统")
            Else
                If checkTextbox(TxtCondition) = True Then
                    BtnSearch.Focus()
                End If
            End If
        Case Else
```

```
                    ' 什么也不做
        End Select
    End Sub
```

编写"查找"按钮的单击事件的代码如下。

代码 7-103："查找"按钮的单击事件

```
Private Sub BtnSearch_Click(ByVal sender As System.Object, ByVal e As
System.EventArgs) Handles BtnSearch.Click
    If ChkBookName.Checked = True Then
        findByName()
    Else
        If ChckAuthor.Checked = True Then
            findByAuthorName()
        Else
            If ChkISDN.Checked = True Then
                findByISDN()
            Else
            End If
        End If
    End If
End Sub
```

以上代码 7-103 调用了 findByName( )、findByAuthorName( )、findByISDN( ) 方法。
编写 findByName( ) 方法的代码如下。

代码 7-104：findByName( ) 方法

```
Sub findByName()
    dbset.Clear()
    MyConnection.Open()
    MyCommand = New OleDbCommand("SELECT * FROM BookDetails WHERE
    BookName LIKE '" & TxtCondition.Text & "%'", MyConnection)
    dataA = New OleDbDataAdapter(MyCommand)
    dataA.Fill(dbset, "BookDetails")
    DGResult.ReadOnly = True
    DGResult.DataSource = dbset.Tables("BookDetails")
    MyReader = MyCommand.ExecuteReader()
    While MyReader.Read
    End While
    MyConnection.Close()
    MyReader.Close()
    MyCommand.Dispose()
End Sub
```

编写 findByAuthorName( ) 方法的代码如下。

代码 7-105：findByAuthorName( ) 方法

```
Sub findByAuthorName()
    dbset.Clear()
    MyConnection.Open()
```

```
MyCommand = New OleDbCommand("SELECT * FROM BookDetails WHERE
AuthorName LIKE '" & TxtCondition.Text & "%'", MyConnection)
dataA = New OleDbDataAdapter(MyCommand)
dataA.Fill(dbset, "BookDetails")
DGResult.DataSource = dbset.Tables("BookDetails")
MyReader = MyCommand.ExecuteReader()
While MyReader.Read
End While
MyConnection.Close()
MyReader.Close()
MyCommand.Dispose()
End Sub
```

编写 findByISDN( ) 方法的代码如下。

代码 7-106：findByISDN( ) 方法

```
Sub findByISDN ()
    dbset.Clear()
    MyConnection.Open()
    MyCommand = New OleDbCommand("SELECT * FROM BookDetails WHERE ISDN
    = '" & TxtCondition.Text & "'", MyConnection)
    dataA = New OleDbDataAdapter(MyCommand)
    dataA.Fill(dbset, "BookDetails")
    DGResult.ReadOnly = True
    DGResult.DataSource = dbset.Tables("BookDetails")
    MyReader = MyCommand.ExecuteReader()
    While MyReader.Read
    End While
    MyConnection.Close()
    MyReader.Close()
    MyCommand.Dispose()
End Sub
```

编写 DataGridView 控件的 CellContentDoubleClick 事件的代码如下。

代码 7-107：DataGridView 控件的 CellContentDoubleClick 事件

```
Private Sub DGResult_CellContentDoubleClick(ByVal sender As Object,
ByVal e As System.Windows.Forms.DataGridViewCellEventArgs) Handles
DGResult.CellContentDoubleClick
    If DGResult.SelectedCells.Count<>-1 Then
        Dim DR As DialogResult
        DR = MsgBox("请确认是否删除 " & DGResult.Rows(e.RowIndex).Cells(1).
        Value & " 这条记录", MsgBoxStyle.YesNo, "信息框")
        If DR = Windows.Forms.DialogResult.Yes Then
            MyConnection.Open()
            MyCommand = New OleDbCommand("DELETE FROM BookDetails WHERE
            SN='" & DGResult.Rows(e.RowIndex).Cells(0).Value & "'",
            MyConnection)
            MyCommand.ExecuteNonQuery()
            MyConnection.Close()
            MyReader.Close()
```

```
        MyCommand.Dispose()
    Else
        Exit Sub
    End If
    BtnSearch_Click(sender, e)
    End If
End Sub
```

7.4.11　设计编辑书籍信息界面 frm_EditBookDetails.vb

编辑书籍信息界面的设计如图 7-28 所示。

图 7-28　编辑书籍信息界面

　　该界面的设计步骤为：首先拖入 1 个 Label 控件，用于显示文本"编号"；再拖入 1 个 TextBox 控件和一个 Button 控件；拖入 1 个 GroupBox 控件，用于显示"图书信息"部分；然后拖入多个 Label 控件，用于显示相应的文本；拖入 6 个 TextBox 控件，分别用于"书籍名称""作者""书籍类型""索引号""描述""出版日期"和"添加日期"等信息的显示。再拖入 2 个 ComboBox 控件，用于"书籍类型"和"索引号"的选择；在右边拖入 1 个 PictureBox 控件和 1 个 Button 控件；在下面位置拖入 3 个 Button 控件，分别作为"编辑""重置"和"退出"按钮；最后拖入 1 个 OpenFileDiaolog 控件，用于在单击"改变图片"按钮时浏览文件。

　　进入该界面的代码文件，首先定义全局变量，代码如下。

代码 7-108：定义全局变量

```
Dim picPath As String = "C:\pictures\nopic.jpg"
Dim bookPicture As System.Drawing.Bitmap
Dim MyConnection As New OleDbConnection("Provider=Microsoft.Jet.
OLEDB.4.0;Data Source=" & Application.StartupPath & "\Library.mdb")
Dim MyCommand As OleDbCommand
```

```
Dim MyReader As OleDbDataReader
Dim bookcode1 As String
Friend WithEvents BtnRead As System.Windows.Forms.Button
Dim booktype1 As String
```

编写该界面的 Form_Load 事件的代码如下。

代码 7-109：界面的 Form_Load 事件

```
Private Sub frm_EditBookDetails_Load(ByVal sender As System.Object,
ByVal e As System.EventArgs) Handles MyBase.Load
    loadBookCode()
    loadBookType()
End Sub
```

代码 7-109 调用了 loadBookCode( ) 方法和 loadBookType( ) 方法。编写 loadBookCode( ) 方法的代码如下。

代码 7-110：loadBookCode( ) 方法

```
Function loadBookCode()
    MyConnection.Open()
    MyCommand = New OleDbCommand("SELECT * FROM BookCode", MyConnection)
    MyReader = MyCommand.ExecuteReader()
    While MyReader.Read
        ComboBookCode.Items.Add(MyReader("Code"))
    End While
    MyConnection.Close()
    MyReader.Close()
    MyCommand.Dispose()
End Function
```

编写 loadBookType( ) 方法的代码如下。

代码 7-111：loadBookType( ) 方法

```
Function loadBookType()
    MyConnection.Open()
    MyCommand = New OleDbCommand("SELECT * FROM BookType", MyConnection)
    MyReader = MyCommand.ExecuteReader()
    While MyReader.Read
        ComboBookType.Items.Add(MyReader("Type"))
    End While
    MyConnection.Close()
    MyReader.Close()
    MyCommand.Dispose()
End Function
```

编写"编号"文本框的 KeyPress 事件的代码如下。

代码 7-112："编号"文本框的 KeyPress 事件

```
Private Sub TxtSN_KeyPress(ByVal sender As Object, ByVal e As System.
Windows.Forms.KeyPressEventArgs) Handles TxtSN.KeyPress
```

```
    Dim strChar As String
    strChar = e.KeyChar
    Select Case strChar
        Case ChrW(System.Windows.Forms.Keys.Enter)
        Case Else
            ' 什么也不做
    End Select
End Sub
```

编写"读取"按钮的单击事件的代码如下。

代码 7-113："读取"按钮的单击事件

```
Private Sub BtnRead_Click(ByVal sender As System.Object, ByVal e As
System.EventArgs) Handles BtnRead.Click
    If TxtSN.Text = "" Then
    Else
        If TxtSN.Text <> "" Then
            setPicture()
            loadBookDetails()
            TxtBookName.Focus()
        End If
    End If
End Sub
```

代码 7-113 调用了 setPicture( )、loadBookDetails( ) 方法。编写 setPicture( ) 方法的代码如下。

代码 7-114：setPicture( ) 方法

```
Sub setPicture()
    Try
        bookPicture = System.Drawing.Bitmap.FromFile(getPicPath())
    Catch c As Exception
        MsgBox(" 错误：" + c.ToString, MsgBoxStyle.Exclamation, "图书馆管
        理系统 ")
    End Try
    PictureBox1.Image = bookPicture
End Sub
```

编写 loadBookDetails( ) 方法的代码如下。

代码 7-115：loadBookDetails( ) 方法

```
Function loadBookDetails()
    MyConnection.Open()
    MyCommand = New OleDbCommand("SELECT * FROM BookDetails WHERE SN ='"
    & TxtSN.Text & "'", MyConnection)
    MyReader = MyCommand.ExecuteReader()
    While MyReader.Read
        TxtBookName.Text = MyReader("BookName")
        TxtBookAuthor.Text = MyReader("AuthorName")
        TxtBookDes.Text = MyReader("BookDes")
        TxtPublishdate.Text = MyReader("Publishdate")
```

```
        TxtAdditionDate.Text = MyReader("Libdate")
        bookcode1 = MyReader("BookCode")
        booktype1 = MyReader("BookType")
    End While
    MyConnection.Close()
    MyReader.Close()
    MyCommand.Dispose()
    loadCodeDes()
    loadTypeDes()
End Function
```

编写"书籍名称"文本框的 KeyPress 事件的代码如下。

代码 7-116："书籍名称"文本框的 KeyPress 事件

```
Private Sub TxtBookName_KeyPress(ByVal sender As Object, ByVal e As
System.Windows.Forms.KeyPressEventArgs) Handles TxtBookName.KeyPress
    Dim strChar As String
    strChar = e.KeyChar
    Select Case strChar
        Case ChrW(System.Windows.Forms.Keys.Enter)
            If TxtBookName.Text = "" Then
            Else
                If TxtBookName.Text <> "" Then
                    TxtBookAuthor.Focus()
                End If
            End If
        Case Else
            'nothing
    End Select
End Sub
```

编写"作者"文本框的 KeyPress 事件的代码如下。

代码 7-117："作者"文本框的 KeyPress 事件

```
Private Sub TextBox3_KeyPress(ByVal sender As Object, ByVal e As
System.Windows.Forms.KeyPressEventArgs) Handles TxtBookAuthor.KeyPress
    Dim strChar As String
    strChar = e.KeyChar
    Select Case strChar
        Case ChrW(System.Windows.Forms.Keys.Enter)
            If TxtBookAuthor.Text = "" Then
            Else
                If TxtBookAuthor.Text <> "" Then
                    ComboBookType.Focus()
                End If
            End If
        Case Else
            'nothing
    End Select
End Sub
```

编写"书籍类型"的 ComboBox 控件的 SelectedIndexChanged 事件的代码如下。

代码 7-118："书籍类型"的 ComboBox 控件的 SelectedIndexChanged 事件

```
Private Sub ComboBookType_SelectedIndexChanged(ByVal sender As
System.Object, ByVal e As System.EventArgs) Handles ComboBookType.
SelectedIndexChanged
    MyConnection.Open()
    MyCommand = New OleDbCommand("SELECT * FROM BookType WHERE Type ='"
    & ComboBookType.Text & "'", MyConnection)
    MyReader = MyCommand.ExecuteReader()
    While MyReader.Read
        TxtBookCode.Text = MyReader("Desc")
    End While
    MyConnection.Close()
    MyReader.Close()
    MyCommand.Dispose()
End Sub
```

编写"索引号"的 ComboBox 控件的 SelectedIndexChanged 事件的代码如下。

代码 7-119："索引号"的 ComboBox 控件的 SelectedIndexChanged 事件

```
Private Sub ComboBox2_SelectedIndexChanged(ByVal sender As System.
Object, ByVal e As System.EventArgs) Handles ComboBookCode.
SelectedIndexChanged
    MyConnection.Open()
    MyCommand = New OleDbCommand("SELECT * FROM BookCode WHERE Code ='"
    & ComboBookCode.Text & "'", MyConnection)
    MyReader = MyCommand.ExecuteReader()
    While MyReader.Read
        TxtBookType.Text = MyReader("Desc1")
    End While
    MyConnection.Close()
    MyReader.Close()
    MyCommand.Dispose()
End Sub
```

编写"描述"文本框控件的 KeyPress 事件的代码如下。

代码 7-120："描述"文本框控件的 KeyPress 事件

```
Private Sub TextBox6_KeyPress(ByVal sender As Object, ByVal e As
System.Windows.Forms.KeyPressEventArgs) Handles TxtBookDes.KeyPress
    Dim strChar As String
    strChar = e.KeyChar
    Select Case strChar
        Case ChrW(System.Windows.Forms.Keys.Enter)
            If TxtBookDes.Text = "" Then
            Else
                If TxtBookDes.Text <> "" Then
                    TxtPublishdate.Focus()
                End If
            End If
        Case Else
```

```
                    'nothing
            End Select
    End Sub
```

编写"出版日期"文本框控件的 KeyPress 事件的代码如下。

代码 7-121："出版日期"文本框控件的 KeyPress 事件

```
Private Sub TextBox7_KeyPress(ByVal sender As Object, ByVal e As
System.Windows.Forms.KeyPressEventArgs) Handles TxtPublishdate.KeyPress
    Dim strChar As String
    strChar = e.KeyChar
    Select Case strChar
        Case ChrW(System.Windows.Forms.Keys.Enter)
            If TxtPublishdate.Text = "" Then
            Else
                If TxtPublishdate.Text <> "" Then
                    TxtAdditionDate.Focus()
                End If
            End If
        Case Else
            'nothing
    End Select
End Sub
```

编写"添加日期"文本框控件的 KeyPress 事件的代码如下。

代码 7-122："添加日期"文本框控件的 KeyPress 事件

```
Private Sub TextBox8_KeyPress(ByVal sender As Object, ByVal e As
System.Windows.Forms.KeyPressEventArgs) Handles TxtAdditionDate.
KeyPress
    Dim strChar As String
    Dim temp As String
    strChar = e.KeyChar
    Select Case strChar
        Case ChrW(System.Windows.Forms.Keys.Enter)
            If TxtAdditionDate.Text = "" Then
            Else
                If TxtAdditionDate.Text <> "" Then
                    BtnEdit.Focus()
                End If
            End If
        Case Else
            'nothing
    End Select
End Sub
```

编写"改变图片"按钮的单击事件的代码如下。

代码 7-123："改变图片"按钮的单击事件

```
Private Sub BtnChange_Click(ByVal sender As System.Object, ByVal e As
System.EventArgs) Handles BtnChange.Click
```

```
MsgBox("图片的尺寸大于 " + PictureBox1.Width.ToString + " X" + PictureBox1.
Height.ToString, MsgBoxStyle.Information, "图书馆管理系统")
OpenFileDialog1.Filter = "Picture Files|*.jpg|*.bmp|*.gif"
OpenFileDialog1.ShowDialog()
End Sub
```

编写 OpenFileDialog 控件的 FileOk 事件的代码如下。

代码 7-124：OpenFileDialog 控件的 FileOk 事件

```
Private Sub OpenFileDialog1_FileOk(ByVal sender As System.Object, ByVal
e As System.ComponentModel.CancelEventArgs) Handles OpenFileDialog1.
FileOk
    Dim width As Integer = 100
    Dim height As Integer = 100
    bookPicture = System.Drawing.Bitmap.FromFile(OpenFileDialog1.
    FileName)
    picPath = OpenFileDialog1.FileName.ToString
    PictureBox1.Image = bookPicture
End Sub
```

编写"编辑"按钮的单击事件的代码如下。

代码 7-125："编辑"按钮的单击事件

```
Private Sub BtnEdit_Click(ByVal sender As System.Object, ByVal e As
System.EventArgs) Handles BtnEdit.Click
    updateBook()
    display_MsgBox("书籍信息已被更新!")
    clearfields()
End Sub
```

代码 7-125 调用了 updateBook( )、display_MsgBox( ) 和 clearfields( ) 方法。编写
updateBook( ) 方法的代码如下。

代码 7-126：updateBook( ) 方法

```
Function updateBook()
    MyConnection.Open()
    Try
        MyCommand = New OleDbCommand("UPDATE BookDetails SET BookName ='"
        & TxtBookName.Text & "',AuthorName = '" & TxtBookAuthor.Text
        & "',BookType = '" & ComboBookType.Text & "',BookCode = '" &
        ComboBookCode.Text & "', BookDes = '" & TxtBookDes.Text & "',
        PublishDate = '" & TxtPublishdate.Text & "', LibDate = '" &
        TxtAdditionDate.Text & "',Picture ='" & picPath & "' WHERE SN = '"
        & TxtSN.Text & "'", MyConnection)
        MyCommand.ExecuteNonQuery()
    Catch c As Exception
        MsgBox(c.ToString)
    End Try
    MyConnection.Close()
    MyCommand.Dispose()
End Function
```

编写 display_MsgBox( ) 方法的代码如下。

代码 7-127：display_MsgBox( ) 方法

```
Function loadBookDetails()
    MyConnection.Open()
    MyCommand = New OleDbCommand("SELECT * FROM BookDetails WHERE SN ='"
    & TxtSN.Text & "'", MyConnection)
    MyReader = MyCommand.ExecuteReader()
    While MyReader.Read
        TxtBookName.Text = MyReader("BookName")
        TxtBookAuthor.Text = MyReader("AuthorName")
        TxtBookDes.Text = MyReader("BookDes")
        TxtPublishdate.Text = MyReader("Publishdate")
        TxtAdditionDate.Text = MyReader("Libdate")
        bookcode1 = MyReader("BookCode")
        booktype1 = MyReader("BookType")
    End While
    MyConnection.Close()
    MyReader.Close()
    MyCommand.Dispose()
    loadCodeDes()
    loadTypeDes()
End Function
```

编写 clearfields( ) 方法的代码如下。

代码 7-128：clearfields( ) 方法

```
Function clearfields()
    TxtSN.Text = ""
    TxtBookName.Text = ""
    TxtBookAuthor.Text = ""
    TxtBookCode.Text = ""
    TxtBookType.Text = ""
    TxtBookDes.Text = ""
    TxtPublishdate.Text = ""
    TxtAdditionDate.Text = ""
    ComboBookType.Text = ""
    ComboBookCode.Text = ""
End Function
```

7.4.12 设计借阅书籍界面 frm_IssueReturnBook.vb

借阅书籍界面的设计如图 7-29 所示。

该界面的设计步骤为：首先拖入 1 个 GroupBox 控件，用于显示"书籍信息"部分；然后在 GroupBox 中拖入 Label 控件，用于显示相应的文本；拖入 5 个 TextBox 控件，分别作为"书籍编号"、ISBN、"书籍名称""作者名称"和"状态"的显示或输入框；再拖入 1 个 GroupBox 控件，用于显示"读者信息"部分；拖入 Label 控件，用于显示相应的文本；拖入 5 个 TextBox 控件，分别作为"读者编号""读者姓名""地址""最大借书量"

图 7-29　借阅书籍界面

和"已借书"的显示或输入框；再拖入 1 个 GroupBox 控件，用于显示"借阅信息"部分；
拖入 Label 控件，用于显示相应的文本；拖入 3 个 TextBox 控件，分别用于"借阅号""借
阅日期""归还日期"的显示或输入；然后拖入 1 个 ComboBox 控件，作为"费用类型"
的选择；拖入 1 个 Button 控件，作为"打印借阅条"按钮；最后拖入 3 个 Button 控件，分
别作为"借阅""重置"和"退出"按钮。

进入该界面的代码文件，首先定义全局变量，代码如下。

代码 7-129：定义全局变量

```
Dim myFrm
Dim MyConnection As New OleDbConnection("Provider=Microsoft.Jet.
OLEDB.4.0;Data Source=" & Application.StartupPath & "\Library.mdb")
Dim MyCommand
Dim e As Exception
Dim MyCommand2
Dim MyReader As OleDbDataReader
Dim MyReader2 As OleDbDataReader
Dim dbset As New DataSet
Dim dataA
Dim myduedate As String
```

编写"书籍编号"文本框的 KeyPress 事件的代码如下。

代码 7-130："书籍编号"文本框的 KeyPress 事件

```
Private Sub TxtSN_KeyPress(ByVal sender As Object, ByVal e As System.
Windows.Forms.KeyPressEventArgs) Handles TxtSN.KeyPress
    Dim strChar As Object
    strChar = e.KeyChar
    Select Case strChar
        Case ChrW(System.Windows.Forms.Keys.Enter)
```

```
                    If checkIfBookAlreadyExists() = False Then
MsgBox("书籍编号不存在,请重新输入", MsgBoxStyle.Information, "图书馆管理系统")
                    Else
                        If checkIfBookAlreadyExists() = True Then
                            loadBookDetails()
                            TxtReaderNo.Focus()
                        End If
                    End If
            Case Else
                '什么也不做
        End Select
    End Sub
```

代 码 7-130 调 用 了 loadBookDetails( )、checkIfBookAlreadyExists( ) 方 法。 编 写 loadBookDetails( ) 方法的代码如下。

代码 7-131: loadBookDetails( ) 方法

```
Sub loadBookDetails()
    MyConnection.Open()
    MyCommand = New OleDbCommand("SELECT * FROM BookDetails WHERE SN =
    '" & TxtSN.Text & "'", MyConnection)
    Try
        MyReader = MyCommand.ExecuteReader()
        While MyReader.Read
            TxtISBN.Text = MyReader("ISDN")
            TxtBookName.Text = MyReader("BookName")
            TxtAuthorName.Text = MyReader("AuthorName")
            TxtStatus.Text = MyReader("BookStatus")
        End While
    Catch c As Exception
        MsgBox("错误信息:" + c.ToString, MsgBoxStyle.Critical, "图书馆管
        理系统")
    End Try
    MyConnection.Close()
    MyReader.Close()
    MyCommand.dispose()
End Sub
```

编写 checkIfBookAlreadyExists( ) 方法的代码如下。

代码 7-132: checkIfBookAlreadyExists( ) 方法

```
Function checkIfBookAlreadyExists() As Boolean
    MyConnection.Open()
    MyCommand = New OleDbCommand("SELECT * FROM BookDetails WHERE SN ='"
    & TxtSN.Text & "'", MyConnection)
    Dim TempString As String
    Try
        MyReader = MyCommand.ExecuteReader()
        While MyReader.Read
            TempString = MyReader("SN")
        End While
```

```
        MyConnection.Close()
        MyReader.Close()
        MyCommand.dispose()
    Catch c As Exception
        MsgBox("错误信息:" + c.ToString, MsgBoxStyle.Critical, "图书馆管
        理系统")
    End Try
    If TxtSN.Text = TempString Then
        Return True
    Else
        If TxtSN.Text <> TempString Then
            Return False
        End If
    End If
End Function
```

编写"读者编号"文本框的单击事件的代码如下。

代码 7-133:"读者编号"文本框的单击事件

```
Private Sub TxtReaderNo_KeyPress(ByVal sender As Object, ByVal e As
System.Windows.Forms.KeyPressEventArgs) Handles TxtReaderNo.KeyPress
    Dim strChar As Object
    strChar = e.KeyChar
    Select Case strChar
        Case ChrW(System.Windows.Forms.Keys.Enter)
            If checkIfReaderAlreadyExists() = False Then
    MsgBox("请输入有效的读者编号!", MsgBoxStyle.Information, "图书馆管理系统")
            Else
                If checkIfReaderAlreadyExists() = True Then
                    loadReaderDetails()
                    TxtIssueNo.Focus()
                End If
            End If
        Case Else
            ' 什么也不做
    End Select
End Sub
```

代码 7-133 调用了 loadReaderDetails( )、checkIfReaderAlreadyExists( ) 方法。编写
loadReaderDetails( ) 方法的代码如下。

代码 7-134:loadReaderDetails( ) 方法

```
Sub loadReaderDetails()
    MyConnection.Open()
    MyCommand = New OleDbCommand("SELECT * FROM ReaderDetails WHERE
    ReaderNo = '" & TxtReaderNo.Text & "'", MyConnection)
    Try
        MyReader = MyCommand.ExecuteReader()
        While MyReader.Read
            TxtReaderName.Text = MyReader("ReaderName").ToString
```

```
        TxtAddress.Text = MyReader("Address").ToString
        TxtTag.Text = MyReader("IssueTag").ToString
        TxtIssuedTag.Text = MyReader("IssueTagUsed").ToString
    End While
Catch c As Exception
    MsgBox("Error Message: Exception Thrown Please Enter a Valid
    Reader Number" + c.ToString, MsgBoxStyle.Critical, "图书馆管理系
    统")
End Try
MyConnection.Close()
MyReader.Close()
MyCommand.dispose()
End Sub
```

编写 checkIfReaderAlreadyExists( ) 方法的代码如下。

代码 7-135：checkIfReaderAlreadyExists( ) 方法

```
Function checkIfReaderAlreadyExists() As Boolean
    MyConnection.Open()
    MyCommand = New OleDbCommand("SELECT * FROM ReaderDetails WHERE
    ReaderNo ='" & TxtReaderNo.Text & "'", MyConnection)
    Try
        MyReader = MyCommand.ExecuteReader()
        While MyReader.Read
            TextBox15.Text = MyReader("ReaderNo")
        End While
        MyConnection.Close()
        MyReader.Close()
        MyCommand.dispose()
    Catch c As Exception
    MsgBox("Error Message:" + c.ToString, MsgBoxStyle.Critical, "图书馆
    管理系统")
    End Try
    If TxtReaderNo.Text = TextBox15.Text Then
        Return True
    Else
        If TxtReaderNo.Text <> TextBox15.Text Then
            Return False
        End If
    End If
End Function
```

编写"借阅号"文本框的 KeyPress 事件的代码如下。

代码 7-136："借阅号"文本框的 KeyPress 事件

```
Private Sub TxtIssueNo_KeyPress(ByVal sender As Object, ByVal e As
System.Windows.Forms.KeyPressEventArgs) Handles TxtIssueNo.KeyPress
    Dim strchar As String
    strchar = e.KeyChar
    Select Case strchar
```

```
    Case ChrW(System.Windows.Forms.Keys.Enter)
        TxtIssueDate.Text = System.DateTime.Now.ToShortDateString
        ComboChargeType.Focus()
    Case Else
    End Select
End Sub
```

编写"费用类型"文本框的 KeyPress 事件的代码如下。

代码 7-137："费用类型"文本框的 KeyPress 事件

```
Private Sub KeyPress_KeyPress(ByVal sender As Object, ByVal e As
System.Windows.Forms.KeyPressEventArgs) Handles ComboChargeType.
KeyPress
    Dim strChar As String
    strChar = e.KeyChar
    Select Case strChar
        Case ChrW(System.Windows.Forms.Keys.Enter)
            TxtReturnDate.Text = getDueDate(ComboChargeType.
            SelectedItem)
            BtnIssue.Focus()
        Case Else
    End Select
End Sub
```

编写"打印借阅条"按钮的单击事件的代码如下。

代码 7-138："打印借阅条"按钮的单击事件

```
Private Sub BtnPrintReceipt_Click(ByVal sender As System.Object, ByVal e
As System.EventArgs) Handles BtnPrintReceipt.Click
    Dim frm As New frm_ReceiptViewer
    frm.Show()
End Sub
```

编写"借阅"按钮的单击事件的代码如下。

代码 7-139："借阅"按钮的单击事件

```
Private Sub BtnIssue_Click(ByVal sender As System.Object, ByVal e As
System.EventArgs) Handles BtnIssue.Click
    If checkStatus() = False Then
        MsgBox("该书已被借阅,请重新选择!", MsgBoxStyle.Information, "图书馆管理系统")
    Else
        If checkIssueTag() = False Then
            MsgBox("已超过最大借书量!", MsgBoxStyle.Information, "图书馆管理系统")
        Else
            If checkStatus() = True And checkIssueTag() = True Then
                Try
                    issueBook()
                    updateReaderIssueTag()
                    updateBookStatus()
```

```
        MsgBox("成功借阅", MsgBoxStyle.Information, "图书馆管理系统")
        Catch c As Exception
            MsgBox(c.ToString)
        End Try
      End If
    End If
  End If
End Sub
```

代码 7-139 调用了 checkStatus( )、checkIssueTag( )、issueBook( )、updateReaderIssueTag( )、updateBookStatus( ) 方法。编写 checkStatus( ) 方法的代码如 7-141 所示。

代码 7-140：checkStatus( ) 方法

```
Function checkStatus () As Boolean
    Dim oStatus As String
    MyConnection.Open()
    MyCommand = New OleDbCommand("SELECT * FROM BookDetails WHERE SN ='"
    & TxtSN.Text & "'", MyConnection)
    MyReader = MyCommand.ExecuteReader()
    While MyReader.Read
        oStatus = MyReader("BookStatus")
    End While
    MyConnection.Close()
    MyReader.Close()
    MyCommand.dispose()
    If oStatus = "正常" Then
        Return True
    Else
        If oStatus = "被借" Then
            Return False
        End If
    End If
End Function
```

编写 checkIssueTag( ) 方法的代码如下。

代码 7-141：checkIssueTag( ) 方法

```
Function checkIssueTag() As Boolean
    Dim oTag As String
    MyConnection.Open()
    MyCommand = New OleDbCommand("SELECT * FROM ReaderDetails WHERE
    ReaderNo ='" & TxtReaderNo.Text & "'", MyConnection)
    MyReader = MyCommand.ExecuteReader()
    While MyReader.Read
        oTag = MyReader("IssueTagUsed")
    End While
    MyConnection.Close()
    MyReader.Close()
    MyCommand.dispose()
```

```
        If oTag = "3" Then
            Return False
        Else
            If oTag <> "3" Then
                Return True
            End If
        End If
    End If
End Function
```

编写 issueBook( ) 方法的代码如下。

代码 7-142：issueBook( ) 方法

```
Sub issueBook()
    MyConnection.Open()
    MyCommand = New OleDbCommand("INSERT INTO IssueBook VALUES('"
    & TxtIssueNo.Text & "','" & TxtSN.Text & "', '" & TxtBookName.
    Text & "','" & TxtAuthorName.Text & "','" & TxtReaderNo.Text &
    "','" & TxtReaderName.Text & "','" & TxtIssueDate.Text & "','"
    & TxtReturnDate.Text & "','" & ComboChargeType.Text & "')",
    MyConnection)
    MyCommand.ExecuteNonQuery()
    MyConnection.Close()
    MyCommand.dispose()
End Sub
```

编写 updateReaderIssueTag( ) 方法的代码如下。

代码 7-143：updateReaderIssueTag( ) 方法

```
Sub updateReaderIssueTag()
    Dim CurrentIssueTag As String
    Dim CurrentIssueTagUsed As String
    Dim itag As Integer
    Dim itagused As Integer
    CurrentIssueTag = getCurrentReaderIssueTag()
    CurrentIssueTagUsed = getCurrentReaderTagUsed()
    itag = CInt(CurrentIssueTag)
    itagused = CInt(CurrentIssueTagUsed)
    itag = itag - 1
    itagused = itagused + 1
    CurrentIssueTag = itag.ToString
    CurrentIssueTagUsed = itagused.ToString
    MyConnection.Open()
    MyCommand = New OleDbCommand("UPDATE ReaderDetails SET IssueTag ='"
    & CurrentIssueTag & "',IssueTagUsed = '" & CurrentIssueTagUsed & "'
    WHERE ReaderNo = '" & TxtReaderNo.Text & "'", MyConnection)
    Try
        MyCommand.ExecuteNonQuery()
    Catch c As Exception
        MsgBox(c.ToString)
    End Try
    MyConnection.Close()
```

```
        MyCommand.dispose()
    End Sub
```

代码 7-143 中调用了 getCurrentReaderIssueTag( )、getCurrentReaderTagUsed( ) 方法。
编写 getCurrentReaderIssueTag( ) 方法的代码如下。

代码 7-144：getCurrentReaderIssueTag( ) 方法

```
Function getCurrentReaderIssueTag() As String
    Dim myTag As String
    MyConnection.Open()
    MyCommand = New OleDbCommand("SELECT * FROM ReaderDetails WHERE
    ReaderNo = '" & TxtReaderNo.Text & "'", MyConnection)
    MyReader = MyCommand.ExecuteReader()
    While MyReader.Read
        myTag = MyReader("IssueTag")
    End While
    MyConnection.Close()
    MyReader.Close()
    MyCommand.dispose()
    Return myTag
End Function
```

编写 getCurrentReaderTagUsed( ) 方法的代码如下。

代码 7-145：getCurrentReaderTagUsed( ) 方法

```
Function getCurrentReaderTagUsed() As String
    Dim myTag As String
    MyConnection.Open()
    MyCommand = New OleDbCommand("SELECT * FROM ReaderDetails WHERE
    ReaderNo = '" & TxtReaderNo.Text & "'", MyConnection)
    MyReader = MyCommand.ExecuteReader()
    While MyReader.Read
        myTag = MyReader("IssueTagUsed")
    End While
    MyConnection.Close()
    MyReader.Close()
    MyCommand.dispose()
    Return myTag
End Function
```

编写 updateBookStatus( ) 方法的代码如下。

代码 7-146：updateBookStatus( ) 方法

```
Sub updateBookStatus()
    Dim myStatus As String
    myStatus = "被借"
    MyConnection.Open()
    MyCommand = New OleDbCommand("UPDATE BookDetails SET BookStatus ='"
    & myStatus & "' WHERE SN = '" & TxtSN.Text & "'", MyConnection)
    Try
```

```
        MyCommand.ExecuteNonQuery()
    Catch c As Exception
        MsgBox(c.ToString)
    End Try
    MyConnection.Close()
    MyCommand.dispose()
End Sub
```

7.4.13　设计归还书籍界面 frm_ReturnBook.vb

归还书籍界面的设计如图 7-30 所示。

图 7-30　归还书籍界面

该界面的设计步骤为：首先拖入 1 个 GroupBox 控件，用于显示"归还信息"部分；然后拖入 Label 控件，用于显示相应的文本；依次拖入多个 TextBox 控件，分别作为"借阅号""读者编号""书籍编号""读者姓名""书籍名称""借阅日期""作者姓名""过期期限""费用类型"的显示或输入；最后拖入 3 个 Button 控件，分别作为"归还""重置"和"关闭"按钮。

进入该界面的代码文件，首先定义全局变量，代码如下。

代码 7-147：定义全局变量

```
Dim MyConnection As New OleDbConnection("Provider=Microsoft.Jet.
OLEDB.4.0;Data Source=" & Application.StartupPath & "\Library.mdb")
Dim MyCommand
Dim e As Exception
Dim MyCommand2
Dim MyReader As OleDbDataReader
Dim MyReader2 As OleDbDataReader
```

```
Dim dbset As New DataSet
Dim dataA
Dim currentDate As Date
```

编写"借阅号"文本框的 KeyPress 事件的代码如下。

代码 7-148："借阅号"文本框的 KeyPress 事件

```
Private Sub TxtIssueNo_KeyPress(ByVal sender As Object, ByVal e As
System.Windows.Forms.KeyPressEventArgs) Handles TxtIssueNo.KeyPress
    Dim strChar As String
    strChar = e.KeyChar
    Select Case strChar
        Case ChrW(System.Windows.Forms.Keys.Enter)
            If TxtIssueNo.Text = "" Or checkIfAlreadyExists() = False Then
                MsgBox("请输入有效的借阅号", MsgBoxStyle.Information, "图书
                馆管理系统")
            Else
                If TxtIssueNo.Text <> "" And checkIfAlreadyExists() =
                True Then
                    loadIssuedBook()
                    BtnReturn.Focus()
                End If
            End If
        Case Else
    End Select
End Sub
```

代码 7-148 中调用了 loadIssuedBook( )、checkIfAlreadyExists( ) 方法。编写 loadIssuedBook( ) 方法的代码如下。

代码 7-149：loadIssuedBook( ) 方法

```
Sub loadIssuedBook()
    MyConnection.Open()
    MyCommand = New OleDbCommand("SELECT * FROM IssueBook WHERE IssueNo ='"
    & TxtIssueNo.Text & "'", MyConnection)
    MyReader = MyCommand.ExecuteReader()
    While MyReader.Read
        TxtSN.Text = MyReader("SN")
        TxtBookName.Text = MyReader("BookName")
        TxtAuthorName.Text = MyReader("AuthorName")
        TxtReaderNo.Text = MyReader("ReaderNo")
        TxtReaderName.Text = MyReader("ReaderName")
        TxtIssueDate.Text = MyReader("idate")
        TxtOverDueDate.Text = MyReader("ddate")
        TxtChargeType.Text = MyReader("itype")
    End While
    MyConnection.Close()
    MyReader.Close()
    MyCommand.dispose()
End Sub
```

编写 checkIfAlreadyExists( ) 方法的代码如下。

代码 7-150：checkIfAlreadyExists( ) 方法

```
Function checkIfAlreadyExists() As Boolean
    MyConnection.Open()
    MyCommand = New OleDbCommand("SELECT * FROM IssueBook WHERE IssueNo ='"
    & TxtIssueNo.Text & "'", MyConnection)
    Try
        MyReader = MyCommand.ExecuteReader()
        While MyReader.Read
            TextBox10.Text = MyReader("IssueNo")
        End While
    Catch c As Exception
        MsgBox(c.ToString)
    End Try
    MyConnection.Close()
    MyReader.Close()
    MyCommand.dispose()
    If TxtIssueNo.Text = TextBox10.Text Then
        Return True
    Else
        If TxtIssueNo.Text <> TextBox10.Text Then
            Return False
        End If
    End If
End Function
```

编写"归还"按钮的单击事件的代码如下。

代码 7-151："归还"按钮的单击事件

```
Private Sub BtnReturn_Click(ByVal sender As System.Object, ByVal e As
System.EventArgs) Handles BtnReturn.Click
    updateReaderIssueTag()
    updateBookStatus()
    MsgBox("成功归还书籍", MsgBoxStyle.Information, "图书馆管理系统")
    clearFields()
End Sub
```

代码 7-151 调用了 updateReaderIssueTag( )、updateBookStatus( ) 和 clearFields( ) 方法。编写 updateReaderIssueTag( ) 方法的代码如下。

代码 7-152：updateReaderIssueTag( ) 方法

```
Sub updateReaderIssueTag()
    Dim CurrentIssueTag As String
    Dim CurrentIssueTagUsed As String
    Dim itag As Integer
    Dim itagused As Integer
    CurrentIssueTag = getCurrentReaderIssueTag()
    CurrentIssueTagUsed = getCurrentReaderTagUsed()
    itag = CInt(CurrentIssueTag)
    itagused = CInt(CurrentIssueTagUsed)
```

```
        itag = itag + 1
        itagused = itagused - 1
        CurrentIssueTag = itag.ToString
        CurrentIssueTagUsed = itagused.ToString
        MyConnection.Open()
        MyCommand = New OleDbCommand("UPDATE ReaderDetails SET IssueTag ='"
        & CurrentIssueTag & "',IssueTagUsed = '" & CurrentIssueTagUsed & "'
        WHERE ReaderNo = '" & TxtReaderNo.Text & "'", MyConnection)
        Try
            MyCommand.ExecuteNonQuery()
        Catch c As Exception
            MsgBox(c.ToString)
        End Try
        MyConnection.Close()
        MyCommand.dispose()
    End Sub
```

代码 7-152 调用了 getCurrentReaderIssueTag( )、getCurrentReaderTagUsed( ) 方法。编写 getCurrentReaderIssueTag( ) 方法的代码如下。

代码 7-153：getCurrentReaderIssueTag( ) 方法

```
Function getCurrentReaderIssueTag() As String
    Dim myTag As String
    MyConnection.Open()
    MyCommand = New OleDbCommand("SELECT * FROM ReaderDetails WHERE
    ReaderNo = '" & TxtReaderNo.Text & "'", MyConnection)
    MyReader = MyCommand.ExecuteReader()
    While MyReader.Read
        myTag = MyReader("IssueTag")
    End While
    MyConnection.Close()
    MyReader.Close()
    MyCommand.dispose()
    Return myTag
End Function
```

编写 updateBookStatus( ) 方法的代码如下。

代码 7-154：updateBookStatus( ) 方法

```
Sub updateBookStatus()
    Dim myStatus As String
    myStatus = "OK"
    MyConnection.Open()
    MyCommand = New OleDbCommand("UPDATE BookDetails SET BookStatus ='"
    & myStatus & "' WHERE SN = '" & TxtSN.Text & "'", MyConnection)
    Try
        MyCommand.ExecuteNonQuery()
    Catch c As Exception
        MsgBox(c.ToString)
    End Try
    MyConnection.Close()
```

```
    MyCommand.dispose()
End Sub
```

编写 getCurrentReaderTagUsed( ) 方法的代码如下。

代码 7-155：getCurrentReaderTagUsed( ) 方法

```
Function getCurrentReaderTagUsed() As String
    Dim myTag As String
    MyConnection.Open()
    MyCommand = New OleDbCommand("SELECT * FROM ReaderDetails WHERE
    ReaderNo = '" & TxtReaderNo.Text & "'", MyConnection)
    MyReader = MyCommand.ExecuteReader()
    While MyReader.Read
        myTag = MyReader("IssueTagUsed")
    End While
    MyConnection.Close()
    MyReader.Close()
    MyCommand.dispose()
    Return myTag
End Function
```

编写 clearFields( ) 方法的代码如下。

代码 7-156：clearFields( ) 方法

```
Sub clearFields()
    TxtIssueNo.Text = ""
    TxtSN.Text = ""
    TxtBookName.Text = ""
    TxtAuthorName.Text = ""
    TxtReaderNo.Text = ""
    TxtReaderName.Text = ""
    TxtIssueDate.Text = ""
    TxtOverDueDate.Text = ""
    TxtChargeType.Text = ""
End Sub
```

项 目 小 结

　　本项目设计制作了一个图书管理系统，从系统的需求分析、功能模块设计到数据库设计以及基础类文件代码编写，到各功能模块的设计，详细介绍了一个完整的图书管理系统的设计流程以及编码实现方法。

项 目 拓 展

　　在本项目基础上增添项目的功能。要求增加一个借阅超期提示功能，对于借阅没有按时归还的图书，给出主动的提示功能，列出超期的图书名称、借阅者姓名、借阅时间、应该归还时间、超期时间等信息。

项目 8
设计制作学生信息管理系统

学生信息管理系统是常见的 Windows 应用系统。学生信息管理系统是学校信息管理系统的一个重要组成部分。学生信息管理系统为其他系统（如学校图书管理系统、学校档案管理系统、教学管理系统、总务后勤管理系统等）提供学生的基本信息，同时它也需要向教学管理系统提供课程设置数据等。这些系统在具体应用中构成一个大系统，相互调用对方的数据。本项目通过学生信息管理系统的制作，让读者掌握学生信息管理系统的制作技术，同时让读者了解网络安全、信息安全相关概念，更好地践行社会主义核心价值观，为建设全民终身学习的学习型社会、学习型大国做贡献。

知识目标：

（1）了解 SQL Server 数据库的基本结构；

（2）了解 SQL Server 数据库的特点；

（3）了解 VB.NET 代码分层的设计思路。

能力目标：

（1）掌握 SQL Server 数据库常用的操作方法；

（2）掌握 VB.NET 代码分层的结构设计方法；

（3）掌握 VB.NET 代码之间相互调用的设计方法。

课程思政目标：

（1）树立正确的技能观，推广服务于人民和社会的项目；

（2）潜移默化地引导学生树立社会主义核心价值观；

（3）引导学生努力提高自己的技能，项目的设计遵循客观规律。

任务 8.1　系统总体功能设计

本项目使用 VB.NET 设计制作一个通用的学生信息管理系统。根据系统用户的不同可以划分为管理员模块、教师模块、学生模块三个模块。

学生信息管理系统的具体功能如下：添加班级信息，添加班级课程信息，添加课程信息，添加系部信息，添加考试信息，添加学生信息，添加用户，修改班级信息，修改课程信息，修改系部信息，修改成绩，修改密码，修改学生信息，查询学生信息，删除班级信息，查询系部信息，修改权限，查询班级课程信息，查询成绩信息，查询学生信息，学生信息汇总，学生信息分类查询。

任务 8.2 系统功能预览

在使用 VB.NET 开发学生信息管理系统之前，为了给读者一个直观的印象，首先给出该系统实现后的预览，分别以管理员、教师和学生的身份登录，展示该系统的使用情况。

8.2.1 用户登录界面

在进入该系统之前，首先需要通过登录界面进行用户验证，如图 8-1 所示。用户在此部分输入用户名、密码，并选择自己的用户权限，然后单击"登录"按钮，进行登录验证。在登录时，用户必须输入用户名和密码，否则不能登录。

图 8-1 登录界面

8.2.2 管理员用户的操作

用户以管理员身份登录并通过身份验证后，就可以进入该系统了。系统的主界面如图 8-2 所示。

1."系统"菜单

在系统主界面的最上面，是一系列的菜单选项。

单击"系统"菜单，显示的菜单项如图 8-3 所示。

图 8-2 管理主界面

图 8-3 "系统"菜单

选择"添加用户"菜单项，打开的界面如图8-4所示。输入用户名、密码、确认密码以及选择用户类型之后，单击"确认"按钮，就可以添加一个新的用户。单击"重填"按钮，可以将此窗体的输入控件清空。单击"关闭"按钮，将退出此窗体。

选择"修改密码"菜单项，打开的界面如图8-5所示。输入用户名、原密码、新密码和重复密码并单击"确定"按钮，就可以修改当前用户的密码了。

图 8-4　添加用户

图 8-5　修改密码

选择"权限管理"菜单项，出现的界面如图8-6所示。在"用户名"文本框中输入需要修改的用户，在"权限"下拉列表中选择需要修改的权限，然后单击"修改"按钮，就可以修改用户的权限。单击"更新"按钮，将更新左侧的"显示用户"部分的数据。

选择"退出系统"菜单项会退出本系统。

2. "学籍管理"菜单

"学籍管理"菜单包含的菜单项如图8-7所示。

图 8-6　权限管理

图 8-7　"学籍管理"菜单

在"学籍管理"菜单中选择"添加学籍"菜单项，将会出现如图 8-8 所示的界面。

输入学号、姓名等信息后，单击"添加"按钮，就可以把学生信息提交到数据库中。单击"重填"按钮，将本窗体中的控件清空。

在"学籍管理"菜单中选择"修改学籍"菜单项，会出现如图 8-9 所示的界面。

图 8-8　"添加学生信息"界面　　　　图 8-9　"修改学生信息"界面

在"学籍管理"菜单中选择"查询学籍"菜单项，会出现如图 8-10 所示的界面。

图 8-10　"查询学生信息"界面

在"学籍管理"菜单中选择"删除学籍"菜单项，会出现如图 8-11 所示的界面。

在"学籍管理"菜单中选择"学籍档案"菜单项，会出现如图 8-12 所示的界面。该窗体的功能是汇总显示学生信息。

图 8-11 "删除学生信息"界面

图 8-12 "学生信息汇总"界面

在"学籍管理"菜单中选择"学籍分类"菜单项，会出现如图 8-13 所示的界面。该窗体的功能是将学生信息进行分类管理，分别按照"班级号""年级""专业"和"系部"等分类进行管理。

3. "班级管理"菜单

"班级管理"菜单包含的菜单项如图 8-14 所示。

在"班级管理"菜单中选择"添加班级"菜单项，会出现如图 8-15 所示的界面。

在"班级管理"菜单中选择"修改班级"菜单项，会出现如图 8-16 所示的界面。

在"班级管理"菜单中选择"班级列表"菜单项，会出现如图 8-17 所示的界面。

图 8-13　"学生信息分类"界面

图 8-14　"班级管理"菜单

图 8-15　"添加班级信息"界面

图 8-16　"修改班级信息"界面

图 8-17　"班级列表"界面

4. "课程设置"菜单

"课程设置"菜单中包含的菜单项如图 8-18 所示。

在"课程设置"菜单中选择"添加课程"菜单项，将打开如图 8-19 所示的界面。

图 8-18 "课程设置"菜单

图 8-19 "添加课程"界面

在"课程设置"菜单中选择"修改课程"菜单项，将打开如图 8-20 所示的界面。

在"课程设置"菜单中选择"添加班级课程"菜单项，将打开如图 8-21 所示的界面。

图 8-20 "修改课程信息"界面

图 8-21 "设置班级课程"界面

在"课程设置"菜单中选择"班级课程查询"菜单项，会出现如图 8-22 所示的界面。

图 8-22 "班级课程查询"界面

5."成绩管理"菜单

"成绩管理"菜单包含的菜单项如图 8-23 所示。

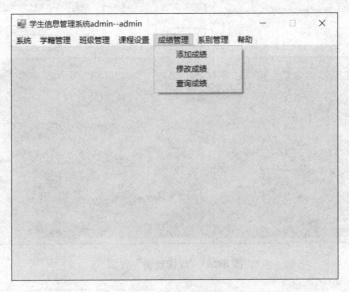

图 8-23 "成绩管理"菜单

在"成绩管理"菜单中选择"添加成绩"菜单项,将会打开如图 8-24 所示的界面。

在"成绩管理"菜单中选择"修改成绩"菜单项,将会打开如图 8-25 所示的界面。

图 8-24 "添加成绩"界面

图 8-25 "修改成绩"界面

在"成绩管理"菜单中选择"查询成绩"菜单项,将会打开如图 8-26 所示的界面。

6."系别管理"菜单

"系别管理"菜单包含的菜单项如图 8-27 所示。

选择"系别管理"菜单中的"系部信息"菜单项,将会打开如图 8-28 所示的界面。

选择"系别管理"菜单中的"添加信息"菜单项,将会打开如图 8-29 所示的界面。

选择"系别管理"菜单中的"修改信息"菜单项,将会打开如图 8-30 所示的界面。

图 8-26 "成绩查询"界面

图 8-27 "系部管理"菜单

图 8-28 "系部信息"界面

图 8-29 "添加系部信息"界面

图 8-30 "修改系部信息"界面

8.2.3　教师用户的操作

用户以教师身份登录到系统后，操作界面如图 8-31 所示。

图 8-31　操作界面

在系统最上面是一系列的菜单。"系统"菜单包含的菜单项如图 8-32 所示。

与管理员用户相比较，会发现，系统菜单中的操作项少了一些，只保留了"修改密码"和"退出系统"两个菜单项。

在"系统"菜单中选择"修改密码"菜单项，将打开如图 8-33 所示的界面。

图 8-32　"系统"菜单

图 8-33　"修改密码"界面

在"系统"菜单中选择"退出系统"菜单项，将会退出本系统。

"学籍管理"菜单包含的菜单项如图 8-34 所示。

在"学籍管理"菜单中选择"查询学籍"菜单项，会打开如图 8-35 所示的界面。

在"学籍管理"菜单中选择"学籍档案"和"学籍分类"菜单项的界面，和管理员用户的类似。

"班级管理"菜单只包括一个菜单项"班级列表"，界面如图 8-36 所示。

图 8-34 "学籍管理" 菜单

图 8-35 "查询学生信息" 界面

图 8-36 "班级管理" 菜单

"课程设置"菜单只包含一个菜单项"班级课程查询",如图 8-37 所示。

图 8-37　"课程设置"菜单

"成绩管理"菜单包含的菜单项如图 8-38 所示。

图 8-38　"成绩管理"菜单

"系别管理"菜单包含一个菜单项,如图 8-39 所示。

图 8-39　"系别管理"菜单

8.2.4 学生用户的操作

用户以学生身份登录并通过身份验证后，就可以进入该系统了。系统的主界面如图 8-40 所示。

图 8-40 操作界面

"系统"菜单包含两个菜单项如图 8-41 所示。

图 8-41 "系统"菜单

"学籍管理"菜单包含的菜单项如图 8-42 所示。

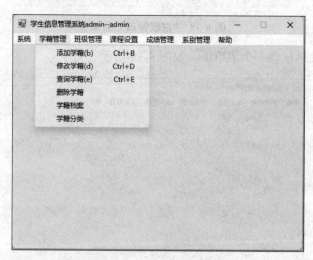

图 8-42 "学籍管理"菜单

"班级管理"菜单包含一个菜单项，如图 8-43 所示。

"课程设置"菜单包含一个菜单项，如图 8-44 所示。
"成绩管理"菜单包含一个菜单项，如图 8-45 所示。
"系别管理"菜单包含一个菜单项，如图 8-46 所示。

图 8-43　"班级管理"菜单

图 8-44　"课程设置"菜单

图 8-45　"成绩管理"菜单

图 8-46　"系别管理"菜单

任务 8.3　工程文件一览

为了让读者有一个直观的印象，在实现系统之前，先预览一下整个工程实现后的文件列表，如图 8-47 所示。

图 8-47　工程文件一览

任务 8.4　数据库设计

本系统使用的数据库管理系统是 SQL Server 2022，下面给出系统数据库的结构设计。本系统使用的数据库名称为 Student，包含 7 个数据表，其中 user_Info 数据表用于存放用户信息，student_Info 数据表用于存放学生信息，result_Info 数据表用于存放考试结果信息，gradecourse_Info 数据表用于存放班级课程信息，depart_Info 数据表用于存放系部信息，course_Info 数据表用于存放课程信息，class_Info 数据表用于存放班级信息。user_Info 数据表各字段的数据类型如图 8-48 所示。

student_Info 数据表各字段的数据类型如图 8-49 所示。

result_Info 数据表各字段的数据类型如图 8-50 所示。

图 8-48　user_Info 数据表

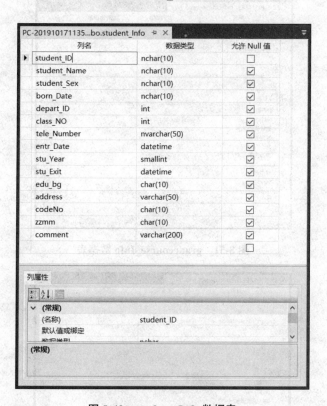

图 8-49　student_Info 数据表

gradecourse_Info 数据表各字段的数据类型如图 8-51 所示。
depart_Info 数据表各字段的数据类型如图 8-52 所示。
course_Info 数据表各字段的数据类型如图 8-53 所示。
class_Info 数据表各字段的数据类型如图 8-54 所示。

图 8-50   result_Info 数据表

图 8-51   gradecourse_Info 数据表

图 8-52   depart_Info 数据表

图 8-53　course_Info 数据表

图 8-54　class_Info 数据表

任务 8.5　系 统 实 现

下面介绍学生管理系统的实现过程。本项目中所包含的主要窗体界面如下。

（1）用户登录界面 login.vb。

（2）用户登录后的操作界面 main.vb。

（3）添加班级信息界面 addClass.vb。

（4）添加班级课程信息界面 addClassCourse.vb。

（5）添加课程信息界面 addCourse.vb。

（6）添加系部信息界面 addDepartInfo.vb。

（7）添加考试信息界面 addExam.vb。

（8）添加学生信息界面 addStuInfo.vb。

（9）添加用户界面 adduser.vb。

（10）修改班级信息界面 changeClassInfo.vb。

（11）删除学生信息界面 deleteStuInfo.vb。

（12）修改权限界面 quanxian.vb。

（13）查询班级课程信息界面 queryclassCourse.vb。

（14）学生信息分类查询界面 stuInfoClassfy.vb。

8.5.1　设计用户登录界面 login.vb

用户登录界面 login.vb 的主要功能是系统根据用户选择的身份对用户输入的用户名和密码进行验证，如果合法则转向相应的操作界面；如果不合法则给出提示，要求用户重新登录。login.vb 的布局如图 8-55 所示。

双击"登录"按钮，进入该按钮的单击事件，编写代码如代码 8-1 所示。

图 8-55　登录界面

代码 8-1：按钮的单击事件

```
Private Sub Button1_Click(ByVal sender As System.Object, ByVal e As
System.EventArgs) Handles Button1.Click
    checkFormat()
End Sub
```

此段代码调用了 checkFormat( ) 方法，编写此方法的代码如下。

代码 8-2：checkFormat( ) 方法

```
Sub checkFormat()
    If TextBox1.Text = "" Or TextBox2.Text = "" Then
        MsgBox(" 用户名和密码不能为空 ")
    ElseIf ComboBox1.Text = "" Then
        MsgBox(" 请选择登录用户权限 ")
    Else
        checkLoginName()
    End If
End Sub
```

上段代码调用了 checkLoginName( ) 方法，编写此方法的代码如下。

代码 8-3：checkLoginName( ) 方法

```
Sub checkLoginName()
    str = "Data Source=localhost;Initial Catalog = Student;integrated
    Security=true"
    Dim con As New SqlConnection(str)
    con.Open()
    Dim sql As String = "SELECT * FROM user_Info WHERE user_ID='" &
    TextBox1.Text.ToString().Trim() & "' AND user_PWD='" & TextBox2.
    Text.ToString().Trim() & " ' AND user_Des='" & ComboBox1.Text.
    ToString.Trim() & "' "
```

```
    Dim cmd As New SqlCommand(sql, con)
    Dim reader As SqlDataReader
    reader = cmd.ExecuteReader
    If reader.Read() = True Then
        Me.Hide()
        frm.Label1.Text = Me.ComboBox1.Text.ToString.Trim
        frm.Text = "学生信息管理系统 " & TextBox1.Text & "--" & ComboBox1.
        Text
    Else
        MsgBox("登录失败，请检查你的用户名、密码及权限是否正确")
    End If
End Sub
```

双击"重填"按钮，进入该按钮的单击事件的代码如下。

代码 8-4:"重填"按钮的单击事件

```
Private Sub Button2_Click(ByVal sender As System.Object, ByVal e As
System.EventArgs) Handles Button2.Click
    TextBox1.Text = ""
    TextBox2.Text = ""
End Sub
```

8.5.2 设计用户登录后的操作界面 main.vb

main.vb 界面是用户登录后的主要操作界面，该界面中包含了用户所能操作的内容，会以菜单形式给出，界面如图 8-56 所示。

图 8-56 主界面

首先拖入 1 个 MainMenu 控件。单击"系统"菜单，添加该菜单的菜单项，如图 8-57 所示。

"学籍管理"菜单中添加的菜单项如图 8-58 所示。

"班级管理"菜单中添加的菜单项如图 8-59 所示。

"课程设置"菜单中添加的菜单项如图 8-60 所示。

图 8-57 "系统"菜单

图 8-58 "学籍管理"菜单

图 8-59 "班级管理"菜单

图 8-60 "课程设置"菜单

"成绩管理"菜单中添加的菜单项如图 8-61 所示。
"系别管理"菜单中添加的菜单项如图 8-62 所示。

图 8-61 "成绩管理"菜单

图 8-62 "系别管理"菜单

首先进入主窗体的 Form_Load 事件，编写该事件的代码如下。

代码 8-5：Form_Load 事件

```
Private Sub Form2_Load(ByVal sender As System.Object, ByVal e As
System.EventArgs) Handles MyBase.Load
    Label1.Visible = False
    Dim userQx As String
    userQx = Label1.Text.ToString.Trim
    If userQx = "admin" Then
    ElseIf userQx = "student" Then '用户是学生
        MenuItem16.Visible = False '添加学籍
        MenuItem11.Visible = False '修改课程
        MenuItem10.Visible = False '添加课程
        MenuItem17.Visible = False '修改学籍
        MenuItem21.Visible = False '权限管理
        MenuItem19.Visible = False '删除学籍
        adduser.Visible = False    '添加用户
        MenuItem14.Visible = False '添加班级
        MenuItem15.Visible = False '修改班级
        MenuItem13.Visible = False '添加班级课程
        MenuItem7.Visible = False  '添加成绩
        MenuItem8.Visible = False  '修改成绩
        MenuItem23.Visible = False '添加系部信息
        MenuItem26.Visible = False '修改系部信息
    Else                           '用户是教师
        MenuItem16.Visible = False '添加学籍
        MenuItem11.Visible = False '修改课程
        MenuItem10.Visible = False '添加课程
        MenuItem17.Visible = False '修改学籍
        MenuItem21.Visible = False '权限管理
        MenuItem19.Visible = False '删除学籍
        adduser.Visible = False    '添加用户
        MenuItem14.Visible = False '添加班级
        MenuItem15.Visible = False '修改班级
        MenuItem13.Visible = False '添加班级课程
        MenuItem23.Visible = False '添加系部信息
        MenuItem26.Visible = False '修改系部信息
    End If
End Sub
```

上述代码的功能是：对不同权限的用户显示不同的菜单项。当用户为管理员权限时，菜单项全部显示；当用户是学生权限时，隐藏一部分菜单项；当用户是教师权限时，隐藏另一部分菜单项。

接下来分别编写各菜单项的单击事件的代码。

"添加用户"菜单项的单击事件的代码如下。

代码 8-6："添加用户"菜单项的单击事件

```
Private Sub adduser_Click(ByVal sender As System.Object, ByVal e As
System.EventArgs) Handles adduser.Click
```

```
      Dim frm3 As New form3 '添加用户
      frm3.Show()
   End Sub
```

"修改密码"菜单项的单击事件的代码如下。

代码 8-7："修改密码"菜单项的单击事件

```
Private Sub MenuItem20_Click(ByVal sender As System.Object, ByVal e As
System.EventArgs) Handles MenuItem20.Click
      Dim frm5 As New Form5
      frm5.Show() '修改密码
End Sub
```

"权限管理"菜单项的单击事件的代码如下。

代码 8-8："权限管理"菜单项的单击事件

```
Private Sub MenuItem21_Click(ByVal sender As System.Object, ByVal e As
System.EventArgs) Handles MenuItem21.Click
      Dim frm21 As New Form21
      frm21.Show()
End Sub
```

"退出系统"菜单项的单击事件的代码如下。

代码 8-9："退出系统"菜单项的单击事件

```
Private Sub MenuItem30_Click(ByVal sender As System.Object, ByVal e As
System.EventArgs) Handles MenuItem30.Click
      Me.Close()
      Application.Exit() '退出系统
End Sub
```

"添加学籍"菜单项的单击事件的代码如下。

代码 8-10："添加学籍"菜单项的单击事件

```
Private Sub MenuItem16_Click(ByVal sender As System.Object, ByVal e As
System.EventArgs) Handles MenuItem16.Click
      Dim frm6 As New Form6
      frm6.Show() '添加学籍
End Sub
```

"修改学籍"菜单项的单击事件的代码如下。

代码 8-11："修改学籍"菜单项的单击事件

```
Private Sub MenuItem17_Click(ByVal sender As System.Object, ByVal e As
System.EventArgs) Handles MenuItem17.Click
      Dim frm7 As New Form7 '修改学籍
      frm7.Show()
End Sub
```

"查询学籍"菜单项的单击事件的代码如下。

代码 8-12："查询学籍"菜单项的单击事件

```
Private Sub MenuItem18_Click(ByVal sender As System.Object, ByVal e As
System.EventArgs) Handles MenuItem18.Click
    Dim frm4 As New Form4 '查询学籍
    frm4.Show()
End Sub
```

"删除学籍"菜单项的单击事件的代码如下。

代码 8-13："删除学籍"菜单项的单击事件

```
Private Sub adduser_Click_1(ByVal sender As System.Object, ByVal e As
System.EventArgs) Handles MenuItem19.Click
    Dim frm8 As New Form8 '删除学籍
    frm8.Show()
End Sub
```

"学籍档案"菜单项的单击事件的代码如下。

代码 8-14："学籍档案"菜单项的单击事件

```
Private Sub MenuItem31_Click(ByVal sender As System.Object, ByVal e As
System.EventArgs) Handles MenuItem31.Click
    Dim frm22 As New Form22
    frm22.Show()
End Sub
```

"学籍分类"菜单项的单击事件的代码如下。

代码 8-15："学籍分类"菜单项的单击事件

```
Private Sub MenuItem33_Click(ByVal sender As System.Object, ByVal e As
System.EventArgs) Handles MenuItem33.Click
    Dim frm24 As New Form24
    frm24.Show()
End Sub
```

"添加班级"菜单项的单击事件的代码如下。

代码 8-16："添加班级"菜单项的单击事件

```
Private Sub MenuItem14_Click(ByVal sender As System.Object, ByVal e As
System.EventArgs) Handles MenuItem14.Click
    Dim frm9 As New Form9
    frm9.Show() '添加班级
End Sub
```

"修改班级"菜单项的单击事件的代码如下。

代码 8-17："修改班级"菜单项的单击事件

```
Private Sub MenuItem15_Click(ByVal sender As System.Object, ByVal e As
System.EventArgs) Handles MenuItem15.Click
    Dim frm10 As New Form10
```

```
    frm10.Show() '修改班级
End Sub
```

"班级列表"菜单项的单击事件的代码如下。

代码 8-18："班级列表"菜单项的单击事件

```
Private Sub MenuItem32_Click(ByVal sender As System.Object, ByVal e As
System.EventArgs) Handles MenuItem32.Click
    Dim frm23 As New Form23
    frm23.Show()
End Sub
```

"添加课程"菜单项的单击事件的代码如下。

代码 8-19："添加课程"菜单项的单击事件

```
Private Sub MenuItem10_Click(ByVal sender As System.Object, ByVal e As
System.EventArgs) Handles MenuItem10.Click
    Dim frm11 As New Form11
    frm11.Show()
    '添加课程
End Sub
```

"修改课程"菜单项的单击事件的代码如下。

代码 8-20："修改课程"菜单项的单击事件

```
Private Sub MenuItem11_Click(ByVal sender As System.Object, ByVal e As
System.EventArgs) Handles MenuItem11.Click
    Dim frm12 As New Form12
    frm12.Show()
    '修改课程
End Sub
```

"添加班级课程"菜单项的单击事件的代码如下。

代码 8-21："添加班级课程"菜单项的单击事件

```
Private Sub MenuItem13_Clic k(ByVal sender As System.Object, ByVal e As
System.EventArgs) Handles MenuItem13.Click
    Dim frm13 As New Form13 '添加班级课程
    frm13.Show()
End Sub
```

"班级课程查询"菜单项的单击事件的代码如下。

代码 8-22："班级课程查询"菜单项的单击事件

```
Private Sub MenuItem24_Click(ByVal sender As System.Object, ByVal e As
System.EventArgs) Handles MenuItem24.Click
    Dim frm14 As New Form14 '班级课程查询
    frm14.Show()
End Sub
```

"添加成绩"菜单项的单击事件的代码如下。

代码 8-23："添加成绩"菜单项的单击事件

```
Private Sub MenuItem7_Click(ByVal sender As System.Object, ByVal e As
System.EventArgs) Handles MenuItem7.Click
    Dim frm15 As New Form15 '添加成绩
    frm15.Show()
End Sub
```

"修改成绩"菜单项的单击事件的代码如下。

代码 8-24："修改成绩"菜单项的单击事件

```
Private Sub MenuItem8_Click(ByVal sender As System.Object, ByVal e As
System.EventArgs) Handles MenuItem8.Click
    Dim frm16 As New Form16 '修改成绩
    frm16.Show()
End Sub
```

"查询成绩"菜单项的单击事件的代码如下。

代码 8-25："查询成绩"菜单项的单击事件

```
Private Sub MenuItem9_Click(ByVal sender As System.Object, ByVal e As
System.EventArgs) Handles MenuItem9.Click
    Dim frm17 As New Form17 '查询成绩
    frm17.Show()
End Sub
```

"系部信息"菜单项的单击事件的代码如下。

代码 8-26："系部信息"菜单项的单击事件

```
Private Sub MenuItem22_Click(ByVal sender As System.Object, ByVal e As
System.EventArgs) Handles MenuItem22.Click
    Dim frm18 As New Form18 '系部信息
    frm18.Show()
End Sub
```

"添加信息"菜单项的单击事件的代码如下。

代码 8-27："添加信息"菜单项的单击事件

```
Private Sub MenuItem23_Click(ByVal sender As System.Object, ByVal e As
System.EventArgs) Handles MenuItem23.Click
    Dim frm19 As New Form19 '添加信息
    frm19.Show()
End Sub
```

"修改信息"菜单项的单击事件的代码如下。

代码 8-28："修改信息"菜单项的单击事件

```
Private Sub MenuItem26_Click(ByVal sender As System.Object, ByVal e As
System.EventArgs) Handles MenuItem26.Click
    Dim frm20 As New Form20
    frm20.Show() '修改信息
End Sub
```

8.5.3　设计添加班级信息界面 addClass.vb

添加班级信息界面的设计如图 8-63 所示。

图 8-63　添加班级信息界面

双击"添加"按钮，编写该按钮的单击事件的代码如下。

代码 8-29："添加"按钮的单击事件

```
Private Sub Button1_Click(ByVal sender As System.Object, ByVal e As
System.EventArgs) Handles Button1.Click
    If TextBox1.Text = "" Then
        MsgBox("班级代号不能为空！")
    Else
        singleYanzheng()
    End If
End Sub
```

这段代码调用了 singleYanzheng() 方法，编写该方法的代码如下。

代码 8-30：singleYanzheng( ) 方法

```
Sub singleYanzheng()
    Dim str As String
    str = "Data Source=localhost;Initial Catalog = Student;integrated
    Security=true"
    Dim con As New SqlConnection(str)
    con.Open()
    Dim sql As String = "SELECT * FROM class_Info WHERE class_No='" &
    TextBox1.Text.ToString().Trim() & "' "
    Dim cmd As New SqlCommand(sql, con)
    Dim reader As SqlDataReader
    reader = cmd.ExecuteReader
    If reader.Read() = True Then
```

```
        MsgBox("该班级已存在")
    Else
        addClass()
        MsgBox("success!")
        clear()
    End If
End Sub
```

代码 8-30 调用了 addClass( ) 方法，编写该方法的代码如下。

代码 8-31：addClass( ) 方法

```
Sub addClass()
    Dim str As String
    str = "Data Source=localhost;Initial Catalog = Student;integrated
    Security=true"
    Dim con As New SqlConnection(str)
    con.Open()
    Dim sql As String = "INSTERT INTO class_Info(class_No,grade,
    director,classroom_No) VALUES('" & TextBox1.Text.ToString().Trim()
    & "','" & ComboBox1.Text.ToString.Trim & " ','" & TextBox2.Text.
    ToString().Trim() & " ','" & TextBox3.Text.ToString().Trim() & "') "
    Dim cmd As New SqlCommand(sql, con)
    Try
        cmd.ExecuteNonQuery()                    '执行添加数据操作
    Catch e As Exception
        Console.WriteLine(e.Message)             '无法执行时提示出错信息
    End Try
    Console.WriteLine("Record Added")
End Sub
```

双击"重填"按钮，进入该按钮的单击事件的代码如下。

代码 8-32："重填"按钮的单击事件

```
Private Sub Button2_Click(ByVal sender As System.Object, ByVal e As
System.EventArgs) Handles Button2.Click
    clear()
End Sub
```

这段代码调用了 clear( ) 方法，编写该方法的代码如下。

代码 8-33：clear( ) 方法

```
Sub clear()
    TextBox1.Text = ""
    TextBox2.Text = ""
    TextBox3.Text = ""
    ComboBox1.Text = ""
End Sub
```

8.5.4　设计添加班级课程信息界面 addClassCourse.vb

该界面的功能是将班级课程信息添加到数据库中，界面的设计如图 8-64 所示。

图 8-64　设置课程信息界面

双击"添加"按钮，进入该按钮的单击事件的代码如下。

代码 8-34："添加"按钮的单击事件

```
Private Sub Button1_Click(ByVal sender As System.Object, ByVal e As
System.EventArgs) Handles Button1.Click
    If TextBox1.Text = "" Or TextBox2.Text = "" Or TextBox3.Text = ""
Or TextBox4.Text = "" Then
        MsgBox(" 不能为空 ")
    Else
        singleYanzheng()
    End If
End Sub
```

这段代码调用了 singleYanzheng( ) 方法，编写该方法的代码如下。

代码 8-35：singleYanzheng( ) 方法

```
Sub singleYanzheng()
    Dim str As String
    str = "Data Source=localhost;Initial Catalog = Student;integrated
    Security=true"
    Dim con As New SqlConnection(str)
    con.Open()
    Dim sql As String = "SELECT * FROM gradecourse_Info WHERE class_
    No='" & TextBox1.Text.ToString().Trim() & "' AND grade='" &
    TextBox2.Text.ToString.Trim() & "' AND course_No='" & TextBox3.
    Text.ToString.Trim() & "' AND course_Name='" & TextBox4.Text.
    ToString.Trim() & "' "
    Dim cmd As New SqlCommand(sql, con)
    Dim reader As SqlDataReader
```

```
        reader = cmd.ExecuteReader
        If reader.Read() = True Then
            MsgBox("已添加该课程给了这个班级")
            clear()
        Else
            addGradeCourse()
            MsgBox("success")
            clear()
        End If
    End Sub
```

这段代码调用了 addGradeCourse( ) 方法，编写该方法的代码如下。

代码 8-36：addGradeCourse( ) 方法

```
Sub addGradeCourse()
    Dim str As String
    str = "Data Source=localhost;Initial Catalog = Student;integrated
    Security=true"
    Dim con As New SqlConnection(str)
    con.Open()
    Dim sql As String = "INSTERT INTO gradecourse_Info(class_
    No,grade,course_No,course_Name) VALUES('" & TextBox1.Text.
    ToString().Trim() & "','" & TextBox2.Text.ToString().Trim() & "
    ','" & TextBox3.Text.ToString().Trim() & " ','" & TextBox4.Text.
    ToString().Trim() & "') "
    Dim cmd As New SqlCommand(sql, con)
    Try
        cmd.ExecuteNonQuery()
    Catch e As Exception
        Console.WriteLine(e.Message) ' 无法执行时提示出错信息
    End Try
    Console.WriteLine("Record Added")
End Sub
```

双击"重填"按钮，进入该按钮的单击事件，编写代码如下。

代码 8-37："重填"按钮的单击事件

```
Private Sub Button2_Click(ByVal sender As System.Object, ByVal e As
System.EventArgs) Handles Button2.Click
    clear()
End Sub
```

这段代码中调用了 clear( ) 方法，编写该方法的事件，代码如下。

代码 8-38：clear( ) 方法

```
Sub clear()
    TextBox1.Text = ""
    TextBox2.Text = ""
    TextBox3.Text = ""
    TextBox4.Text = ""
End Sub
```

8.5.5 设计添加课程信息界面 addCourse.vb

添加课程信息界面的功能是将课程信息添加到数据库中，界面的设计如图 8-65 所示。

图 8-65 "添加课程"界面

双击"添加"按钮，进入该按钮的单击事件，编写代码如下。

代码 8-39："添加"按钮的单击事件

```
Private Sub Button1_Click(ByVal sender As System.Object, ByVal e As
System.EventArgs) Handles Button1.Click
    If TextBox1.Text = "" Then
        MsgBox(" 课程号不能为空 ")
    Else
        singleYanzheng()
    End If
End Sub
```

这段代码调用了 singleYanzheng( ) 方法，编写该方法的代码如下。

代码 8-40：singleYanzheng( ) 方法

```
Sub singleYanzheng()
    Dim str As String
    str = "Data Source=localhost;Initial Catalog = Student;integrated
    Security=true"
    Dim con As New SqlConnection(str)
    con.Open()
    Dim sql As String = "SELECT * FROM course_Info WHERE course_No='" &
    TextBox1.Text.ToString().Trim() & "' "
    Dim cmd As New SqlCommand(sql, con)
    Dim reader As SqlDataReader
    reader = cmd.ExecuteReader
    If reader.Read() = True Then
        MsgBox(" 该课程号已经存在 ")
    Else
        addCourse()
```

```
        MsgBox(" 已添加上 ")
        clear()
    End If
End Sub
```

这段代码调用了 addCourse( ) 方法，编写该方法的代码如下。

代码 8-41：addCourse( ) 方法

```
Sub addCourse()
    Dim str As String
    str = "Data Source=localhost;Initial Catalog = Student;integrated
    Security=true"
    Dim con As New SqlConnection(str)
    con.Open()
    Dim sql As String = "INSERT INTO course_Info(course_No,course_
    Name,course_Type,course_Des) VALUES('" & TextBox1.Text.ToString().
    Trim() & "','" & TextBox2.Text.ToString().Trim() & " ','" &
    ComboBox1.Text.ToString().Trim() & " ','" & TextBox3.Text.
    ToString().Trim() & "') "
    Dim cmd As New SqlCommand(sql, con)
    Try
        cmd.ExecuteNonQuery()
    Catch e As Exception
        Console.WriteLine(e.Message) ' 无法执行时提示出错信息
    End Try
    Console.WriteLine("Record Added")
End Sub
```

双击"重填"按钮，进入该按钮的单击事件，编写代码如下。

代码 8-42："重填"按钮的单击事件

```
Private Sub Button2_Click(ByVal sender As System.Object, ByVal e As
System.EventArgs) Handles Button2.Click
    clear()
End Sub
```

这段代码中调用了 clear( ) 方法，编写该方法的事件，代码如下。

代码 8-43：clear( ) 方法

```
Sub clear()
    TextBox1.Text = ""
    TextBox2.Text = ""
    TextBox3.Text = ""
    ComboBox1.Text = ""
End Sub
```

8.5.6　设计添加系部信息界面 addDepartInfo.vb

添加系部信息界面的功能是将系部信息添加到数据库中，界面的设计如图 8-66 所示。

图 8-66　添加系部信息界面

双击"添加"按钮，进入该按钮的单击事件，编写代码如下。

代码 8-44："添加"按钮的单击事件

```
Private Sub Button1_Click(ByVal sender As System.Object, ByVal e As
System.EventArgs) Handles Button1.Click
    If TextBox1.Text = "" Or TextBox2.Text = "" Or TextBox3.Text = "" Then
        MsgBox("请填写完整")
    Else
        singleYanzheng()
    End If
End Sub
```

该事件中调用了 singleYanzheng( ) 方法，编写该方法的代码如下。

代码 8-45：singleYanzheng( ) 方法

```
Sub singleYanzheng()
    Dim str As String
    str = "Data Source=localhost;Initial Catalog = Student;integrated
    Security=true"
    Dim con As New SqlConnection(str)
    con.Open()
    Dim sql As String = "SELECT * FROM depart_Info WHERE depart_ID='" &
    TextBox1.Text.ToString().Trim() & "' "
    Dim cmd As New SqlCommand(sql, con)
    Dim reader As SqlDataReader
    reader = cmd.ExecuteReader()
    If reader.Read() = True Then
        MsgBox("该部门号已存在")
    Else
        addDepartInfo()
        MsgBox("success")
        clear()
    End If
End Sub
```

该方法中调用了 addDepartInfo( ) 方法，编写该方法的代码如下。

代码 8-46: addDepartInfo( ) 方法

```
Sub addDepartInfo()
    Dim str As String
    str = "Data Source=localhost;Initial Catalog = Student;integrated
    Security=true"
    Dim con As New SqlConnection(str)
    con.Open()
    Dim sql As String = "INSERT INTO depart_Info(depart_ID,depart_
    Name,depart_MasterName) VALUES('" & TextBox1.Text.ToString().Trim()
    & "','" & TextBox2.Text.ToString().Trim() & " ','" & TextBox3.Text.
    ToString().Trim() & "') "
    Dim cmd As New SqlCommand(sql, con)
    Try
        cmd.ExecuteNonQuery()
    Catch e As Exception
        Console.WriteLine(e.Message)  ' 无法执行时提示出错信息
    End Try
    Console.WriteLine("Record Added")
End Sub
```

双击"重填"按钮，进入该按钮的单击事件，编写代码如下。

代码 8-47:"重填"按钮的单击事件

```
Private Sub Button2_Click(ByVal sender As System.Object, ByVal e As
System.EventArgs) Handles Button2.Click
    clear()
End Sub
```

这段代码中调用了 clear( ) 方法，编写该方法的事件，代码如下。

代码 8-48: clear( ) 方法

```
Sub clear()
    TextBox1.Text = ""
    TextBox2.Text = ""
    TextBox3.Text = ""
End Sub
```

8.5.7 设计添加考试信息界面 addExam.vb

添加考试信息界面的功能是将考试信息添加到数据库中，界面的设计如图 8-67 所示。

双击"添加"按钮，进入该按钮的单击事件，编写代码如下。

代码 8-49:"添加"按钮的单击事件

图 8-67 "添加考试信息"界面

```
Private Sub Button1_Click(ByVal sender As System.Object, ByVal e As
System.EventArgs) Handles Button1.Click
    If TextBox1.Text = "" Then
        MsgBox(" 考试号不能为空 ")
```

```
    Else
        singleYanzheng()
    End If
End Sub
```

这段代码调用了 singleYanzheng( ) 方法，编写该方法的代码如下。

代码 8-50：singleYanzheng( ) 方法

```
Sub singleYanzheng()
    Dim str As String
    str = "Data Source=localhost;Initial Catalog=Student;integrated
    Security=true"
    Dim con As New SqlConnection(str)
    con.Open()
    Dim sql As String = "SELECT * FROM result_Info WHERE exam_No='" &
    TextBox1.Text.ToString().Trim() & "' "
    Dim cmd As New SqlCommand(sql, con)
    Dim reader As SqlDataReader
    reader = cmd.ExecuteReader
    If reader.Read() = True Then
        MsgBox(" 该考试号已存在 ")
    Else
        addExam()
        MsgBox("success!")
        clear()
    End If
End Sub
```

这段代码调用了 addExam( ) 方法，编写该方法的代码如下。

代码 8-51：addExam( ) 方法

```
Sub addExam()
    Dim str As String
    str = "Data Source=localhost;Initial Catalog = Student;integrated
    Security=true"
    Dim con As New SqlConnection(str)
    con.Open()
    Dim sql As String = "INSERT INTO result_Info(exam_No,student_
    ID,student_Name,tearm,class_No,course_Name,result) VALUES('"
    & TextBox1.Text.ToString().Trim() & "','" & TextBox2.Text.
    ToString().Trim() & " ','" & TextBox3.Text.ToString().Trim() & "
    ','" & ComboBox1.Text.ToString().Trim() & "','" & TextBox5.Text.
    ToString().Trim() & "','" & TextBox6.Text.ToString().Trim() & "','"
    & TextBox7.Text.ToString().Trim() & "') "
    Dim cmd As New SqlCommand(sql, con)
    Try
        cmd.ExecuteNonQuery()
    Catch e As Exception
        Console.WriteLine(e.Message)  ' 无法执行时提示出错信息
    End Try
```

```
    Console.WriteLine("Record Added")
End Sub
```

双击"重填"按钮，进入该按钮的单击事件，编写代码如下。

代码 8-52："重填"按钮的单击事件

```
Private Sub Button2_Click(ByVal sender As System.Object, ByVal e As
System.EventArgs) Handles Button2.Click
    clear()
End Sub
```

这段代码中调用了 clear( ) 方法，编写该方法的事件，代码如下。

代码 8-53：clear( ) 方法

```
Sub clear()
    TextBox1.Text = ""
    TextBox2.Text = ""
    TextBox3.Text = ""
    ComboBox1.Text = ""
    TextBox5.Text = ""
    TextBox6.Text = ""
    TextBox7.Text = ""
End Sub
```

8.5.8 设计添加学生信息界面 addStuInfo.vb

添加学生信息界面的功能是将学生信息添加到数据库中，界面的设计如图 8-68 所示。

图 8-68 添加学生信息界面

双击"添加"按钮，进入该按钮的单击事件，编写代码如下。

代码 8-54："添加"按钮的单击事件

```
Private Sub Button1_Click(ByVal sender As System.Object, ByVal e As
System.EventArgs) Handles Button1.Click
```

```
    If TextBox1.Text = "" Then
        MsgBox(" 学号不能为空 ")
    ElseIf TextBox6.Text = "" Then
        MsgBox(" 入学时间不能为空 ")
    ElseIf TextBox7.Text = "" Then
        MsgBox(" 学制不能为空 ")
    Else
        singleYanzheng()
    End If
End Sub
```

这段代码调用了 singleYanzheng( ) 方法，编写该方法的代码如下。

代码 8-55：singleYanzheng( ) 方法

```
Sub singleYanzheng()
    Dim str As String
    str = "Data Source=localhost;Initial Catalog = Student;integrated
    Security=true"
    Dim con As New SqlConnection(str)
    con.Open()
    Dim sql As String = "SELECT * FROM student_Info WHERE student_ID='"
    & TextBox1.Text.ToString().Trim() & "' "
    Dim cmd As New SqlCommand(sql, con)
    Dim reader As SqlDataReader
    reader = cmd.ExecuteReader
    If reader.Read() = True Then
        MsgBox(" 该学号已存在 ")
    Else
        addStuInf()
        MsgBox("success")
        clear()
    End If
End Sub
```

这段代码中调用了 addStuInf( ) 方法，编写该方法的代码如下。

代码 8-56：addStuInf( ) 方法

```
Sub addStuInf()
    Dim str As String
    Dim sex As String
    If RadioButton1.Checked Then
        sex = " 男 "
    ElseIf RadioButton2.Checked Then
        sex = " 女 "
    Else
        sex = ""
    End If
    str = "Data Source=localhost;Initial Catalog=Student;integrated
    Security=true"
    Dim con As New SqlConnection(str)
```

```
con.Open()
Dim sql As String = "INSERT INTO student_Info(student_ID,student_
Name,student_Sex,born_Date,depart_ID,class_NO,tele_Number,entr_
Date,stu_Year,edu_bg,address,codeNo,zzmm,comment) VALUES('" &
TextBox1.Text.ToString().Trim() & "','" & TextBox2.Text.ToString().
Trim() & " ','" & sex & " ','" & TextBox3.Text.ToString.Trim() &
"','" & TextBox12.Text.ToString.Trim() & "','" & TextBox4.Text.
ToString.Trim() & "','" & TextBox5.Text.ToString.Trim() & "','" &
TextBox6.Text.ToString.Trim() & "','" & TextBox7.Text.ToString.
Trim() & "','" & TextBox8.Text.ToString.Trim() & "','" & TextBox9.
Text.ToString.Trim() & "','" & TextBox10.Text.ToString.Trim() &
"','" & ComboBox1.Text.ToString.Trim() & "','" & TextBox11.Text.
ToString.Trim() & "') "
Dim cmd As New SqlCommand(sql, con)
Try
    cmd.ExecuteNonQuery()
Catch e As Exception
    Console.WriteLine(e.Message) '无法执行时提示出错信息
End Try
Console.WriteLine("Record Added")
End Sub
```

双击"重填"按钮，进入该按钮的单击事件，编写代码如下。

代码 8-57："重填"按钮的单击事件

```
Private Sub Button2_Click(ByVal sender As System.Object, ByVal e As
System.EventArgs) Handles Button2.Click
    clear()
End Sub
```

这段代码中调用了 clear( ) 方法，编写该方法的事件的代码如下。

代码 8-58：clear( ) 方法

```
Sub clear()
    TextBox1.Text = ""
    TextBox2.Text = ""
    TextBox3.Text = ""
    TextBox4.Text = ""
    TextBox5.Text = ""
    TextBox6.Text = ""
    TextBox7.Text = ""
    TextBox8.Text = ""
    TextBox9.Text = ""
    TextBox10.Text = ""
    TextBox11.Text = ""
    ComboBox1.Text = ""
    RadioButton1.Checked = False
    RadioButton2.Checked = False
End Sub
```

8.5.9 设计添加用户界面 adduser.vb

添加用户界面的功能是将用户信息添加到数据库中，界面的设计如图 8-69 所示。

图 8-69 添加用户界面

双击"确认"按钮，进入该按钮的单击事件，编写代码如下。

代码 8-59："确认"按钮的单击事件

```
Private Sub Button1_Click(ByVal sender As System.Object, ByVal e As
System.EventArgs) Handles Button1.Click
    checkFormat()
End Sub
```

这段代码调用了 checkFormat( ) 方法，编写该方法的代码如下。

代码 8-60：checkFormat( ) 方法

```
Sub checkFormat()
    If TextBox1.Text = "" Then
        Label5.Text = "用户名不能为空"
    ElseIf TextBox1.Text.Length > 10 Then
        Label5.Text = "用户名不能大于 10"
    ElseIf TextBox2.Text = "" Or TextBox3.Text = "" Then
        '对用户名唯一的判断
        Label6.Text = "密码不能为空"
    ElseIf TextBox2.Text <> TextBox3.Text Then
        Label6.Text = "密码不一致，请重新输入！"
    ElseIf ComboBox1.Text = "" Then
        Label7.Text = "必须选择一个用户类别"
    Else
        singleYanzheng()
    End If
End Sub
```

这段代码调用了 singleYanzheng( ) 方法，编写该方法的代码如下。

代码 8-61：singleYanzheng( ) 方法

```
Sub singleYanzheng()
    Dim str As String
    str = "Data Source=localhost;Initial Catalog = Student;integrated
    Security=true"
    Dim con As New SqlConnection(str)
    con.Open()
    Dim sql As String = "SELECT * FROM user_Info WHERE user_ID='" &
    TextBox1.Text.ToString().Trim() & "' "
    Dim cmd As New SqlCommand(sql, con)
    Dim reader As SqlDataReader
    reader = cmd.ExecuteReader
    If reader.Read() = True Then
        MsgBox("该用户已存在")
    Else
        addRecord()
        MsgBox("success!")
        clear()
    End If
End Sub
```

这段代码调用了 addRecord( ) 方法，编写该方法的代码如下。

代码 8-62：addRecord( ) 方法

```
Sub addRecord()
    Dim str As String
    str = "Data Source=localhost;Initial Catalog = Student;integrated
    Security=true"
    Dim con As New SqlConnection(str)
    con.Open()
    Dim sql As String = "INSERT INTO user_Info VALUES('" & TextBox1.
    Text.ToString().Trim() & "','" & TextBox2.Text.ToString().Trim() &
    "','" & ComboBox1.Text.ToString().Trim() & "') "
    Dim cmd As New SqlCommand(sql, con)
    Try
        cmd.ExecuteNonQuery()
    Catch e As Exception
        Console.WriteLine(e.Message) '无法执行时提示出错信息
    End Try
    Console.WriteLine("Record Added")
End Sub
```

双击"重填"按钮，进入该按钮的单击事件，编写代码如下。

代码 8-63："重填"按钮的单击事件

```
Private Sub Button2_Click(ByVal sender As System.Object, ByVal e As
System.EventArgs) Handles Button2.Click
    clear()
End Sub
```

这段代码中调用了 clear( ) 方法，编写该方法的事件的代码如下。

代码 8-64：clear( ) 方法

```
Sub clear()
    TextBox1.Text = ""
    TextBox2.Text = ""
    TextBox3.Text = ""
    ComboBox1.Text = ""
End Sub
```

8.5.10　设计修改班级信息界面 changeClassInfo.vb

修改班级信息界面的设计如图 8-70 所示。

图 8-70　修改班级信息界面

该界面的设计步骤为：首先拖入 Label 控件，用于显示对应的文本；然后依次拖入 3 个 TextBox 控件，分别用于"班级代号""专业名称"和"教室"的显示或输入；再拖入 1 个 ComboBox 控件，用于"年级"的年级；最后拖入 3 个 Button 控件，分别用作"修改""重填"和"关闭"按钮。

进入该界面的代码文件，编写"修改"按钮的单击事件的代码如下。

代码 8-65："修改"按钮的单击事件

```
Private Sub Button1_Click(ByVal sender As System.Object, ByVal e As
System.EventArgs) Handles Button1.Click
    If TextBox1.Text = "" Then
        MsgBox("班级代号不能为空")
    Else
        changeClassInfo()
        MsgBox("success")
        TextBox1.Text = ""
        TextBox2.Text = ""
        TextBox3.Text = ""
```

```
        ComboBox1.Text = ""
        End If
End Sub
```

这段代码中调用了 changeClassInfo( ) 方法，编写该方法的代码如下。

代码 8-66：changeClassInfo( ) 方法

```
Sub changeClassInfo()
    Dim str As String
    str = "Data Source=localhost;Initial Catalog = Student;integrated
    Security=true"
    Dim con As New SqlConnection(str)
    con.Open()
    Dim sql As String = "SELECT * FROM class_Info WHERE class_No='" &
    TextBox1.Text.ToString().Trim() & "' "
    Dim sql2 As String = "UPDATE class_Info SET grade='" & ComboBox1.
    Text.ToString().Trim() & "',director='" & TextBox2.Text.ToString.
    Trim() & " ',classroom_No='" & TextBox3.Text.ToString.Trim() & "'
    WHERE class_No='" & TextBox1.Text.ToString().Trim() & "'"
    Dim cmd As New SqlCommand(sql, con)
    Dim cmd2 As New SqlCommand(sql2, con)
    Dim reader As SqlDataReader
    reader = cmd.ExecuteReader
    If reader.Read() = True Then
        reader.Close()
        cmd2.ExecuteNonQuery()
    Else
        MsgBox("该班级号不存在！")
    End If
End Sub
```

编写"重填"按钮的单击事件的代码如下。

代码 8-67："重填"按钮的单击事件

```
Private Sub Button2_Click(ByVal sender As System.Object, ByVal e As
System.EventArgs) Handles Button2.Click
    TextBox1.Text = ""
    TextBox2.Text = ""
    TextBox3.Text = ""
    ComboBox1.Text = ""
End Sub
```

8.5.11　设计删除学生信息界面 deleteStuInfo.vb

删除学生信息界面的设计如图 8-71 所示。

该界面的设计步骤为：首先拖入 1 个 Label 控件，显示"请输入学号"文本；然后拖入 1 个 TextBox 控件；再拖入 3 个 Button 控件，分别作为"确定""更新"和"关闭"按钮；最后拖入 1 个 DataGrid 控件，用于绑定数据。

进入该界面的代码文件，首先编写窗体的 form_load 事件的代码如下。

图 8-71　删除学生信息界面

代码 8-68：form_load 事件

```
Private Sub Form8_Load(ByVal sender As System.Object, ByVal e As System.
EventArgs) Handles MyBase.Load
    Dim str As String
    Dim ds As New DataSet
    Dim da As SqlDataAdapter
    str = "Data Source=localhost;Initial Catalog = Student;integrated
    Security=true"
    Dim con As New SqlConnection(str)
    con.Open()
    Dim sql As String = "SELECT * FROM student_Info "
    da = New SqlDataAdapter(sql, con)
    da.Fill(ds)
    DataGrid1.DataSource = ds.Tables(0)
End Sub
End Class
```

编写"确定"按钮的单击事件的代码如下。

代码 8-69："确定"按钮的单击事件

```
Private Sub Button1_Click(ByVal sender As System.Object, ByVal e As
System.EventArgs) Handles Button1.Click
    If TextBox1.Text = "" Then
        MsgBox(" 学号不能为空 ")
    Else
        deleteStuInfo()
    End If
End Sub
```

这段代码中调用了 deleteStuInfo( ) 方法，编写该方法的代码如下。

代码 8-70：deleteStuInfo( ) 方法

```
Sub deleteStuInfo()
    Dim str As String
    str = "Data Source=localhost;Initial Catalog = Student;integrated
    Security=true"
    Dim con As New SqlConnection(str)
    con.Open()
    Dim sql As String = "SELECT * FROM student_Info WHERE student_ID='"
    & TextBox1.Text.ToString().Trim() & "'"
    Dim sql1 As String = "DELETE  FROM student_Info WHERE student_ID='"
    & TextBox1.Text.ToString().Trim() & "'"
    Dim cmd As New SqlCommand(sql, con)
    Dim cmd1 As New SqlCommand(sql1, con)
    Dim reader As SqlDataReader
    reader = cmd.ExecuteReader
    If reader.Read() = True Then
        reader.Close()
        cmd1.ExecuteNonQuery()
    Else
        MsgBox("该用户不存在！")
    End If
End Sub
```

编写"更新"按钮的单击事件的代码如下。

代码 8-71："更新"按钮的单击事件

```
Private Sub Button2_Click(ByVal sender As System.Object, ByVal e As
System.EventArgs) Handles Button2.Click
    Dim str As String
    Dim ds As New DataSet
    Dim da As SqlDataAdapter
    str = "Data Source=localhost;Initial Catalog = Student;integrated
    Security=true"
    Dim con As New SqlConnection(str)
    con.Open()
    Dim sql As String = "SELECT * FROM student_Info "
    da = New SqlDataAdapter(sql, con)
    da.Fill(ds)
    DataGrid1.DataSource = ds.Tables(0)
End Sub
```

8.5.12 设计修改权限界面 quanxian.vb

修改权限界面的设计如图 8-72 所示。

该界面的设计步骤为：首先拖入 Label 控件，用于显示对应的文本；然后拖入 1 个 TextBox 控件和 1 个 ComboBox 控件；再拖入 2 个 Button 控件；最后在右侧拖入 1 个 DataGrid 控件，用于绑定数据。

图 8-72　权限修改界面

进入该界面的代码文件，首先编写窗体的 Form_Load 事件的代码如下。

代码 8-72：窗体的 Form_Load 事件

```
Private Sub Form21_Load(ByVal sender As Syst em.Object, ByVal e As
System.EventArgs) Handles MyBase.Load
    connetcion()
End Sub
```

这段代码调用了 connetcion( ) 方法，代码如下。

代码 8-73：connetcion( ) 方法

```
Sub connetcion()
    Dim str As String
    Dim ds As New DataSet
    Dim da As SqlDataAdapter
    str="Data Source=localhost;Initial Catalog=Student;integrated
    Security=true"
    Dim con As New SqlConnection(str)
    con.Open()
    Dim sql As String = "SELECT * FROM user_Info "
    da = New SqlDataAdapter(sql, con)
    da.Fill(ds)
    DataGrid1.DataSource = ds.Tables(0)
End Sub
```

编写"修改"按钮的单击事件，代码如下。

代码 8-74："修改"按钮的单击事件

```
Private Sub Button1_Click(ByVal sender As System.Object, ByVal e As
System.EventArgs) Handles Button1.Click
    If TextBox1.Text = "" Or ComboBox1.Text = "" Then
```

```
        Label4.Text = "请输入用户名和要更改的权限"
    Else
        changeQuanxian()
        Label4.Text = "修改成功，更新查看结果"
        TextBox1.Text = ""
        ComboBox1.Text = ""
    End If
End Sub
```

这段代码调用了 changeQuanxian( ) 方法，编写该方法的代码如下。

代码 8-75：changeQuanxian( ) 方法

```
Sub changeQuanxian()
    Dim str As String
    str = "Data Source=localhost;Initial Catalog = Student;integrated
    Security=true"
    Dim con As New SqlConnection(str)
    con.Open()
    Dim sql As String = "SELECT * FROM user_Info WHERE user_ID='" &
TextBox1.Text.ToString().Trim() & "' "
    Dim sql2 As String = "UPDATE user_Info SET user_Des='" &
ComboBox1.Text.ToString().Trim() & "' WHERE user_ID='" & TextBox1.Text.
ToString().Trim() &
"' "
    Dim cmd As New SqlCommand(sql, con)
    Dim cmd2 As New SqlCommand(sql2, con)
    Dim reader As SqlDataReader
    reader = cmd.ExecuteReader
    If reader.Read() = True Then
        reader.Close()
        cmd2.ExecuteNonQuery()
    Else
        Label4.Text = "** 该用户不存在 **"
        'Label5.Text = "错误的用户名或密码"
    End If
End Sub
```

编写"更新"按钮的单击事件，代码如下。

代码 8-76："更新"按钮的单击事件

```
Private Sub Button2_Click(ByVal sender As System.Object, ByVal e As
System.EventArgs) Handles Button2.Click
    connetcion()
End Sub
```

这段代码也调用了 connetcion( ) 方法。

8.5.13　设计查询班级课程信息界面 queryclassCourse.vb

班级课程查询界面的设计如图 8-73 所示。

图 8-73　班级课程查询界面

该界面的设计步骤为：首先拖入 2 个 Label 控件，用于显示对应的文本；拖入 1 个 TextBox 控件和 1 个 ComboBox 控件；拖入 1 个 Button 控件；最后拖入 1 个 DataGrid 控件，用于绑定数据。

进入该界面的代码文件，编写"查询"按钮的单击事件的代码如下。

代码 8-77："查询"按钮的单击事件

```
Private Sub Button1_Click(ByVal sender As System.Object, ByVal e As
System.EventArgs) Handles Button1.Click
    If TextBox1.Text = "" Or ComboBox1.Text = "" Then
        MsgBox("查询条件不能为空")
    Else
        queryCourseInfo()
    End If
End Sub
```

这段代码调用了 queryCourseInfo( ) 方法，编写该方法的代码如下。

代码 8-78：queryCourseInfo( ) 方法

```
Sub queryCourseInfo()
    Dim str As String
    Dim ds As New DataSet
    Dim da As SqlDataAdapter
    str = "Data Source=localhost;Initial Catalog = Student;integrated
    Security=true"
    Dim con As New SqlConnection(str)
    con.Open()
    Dim sql As String = "SELECT * FROM gradecourse_Info WHERE class_
    No='" & TextBox1.Text.ToString().Trim() & "' and grade='" &
    ComboBox1.Text.ToString.Trim() & "' "
    da = New SqlDataAdapter(sql, con)
    da.Fill(ds)
```

```
    DataGrid1.DataSource = ds.Tables(0)
End Sub
```

8.5.14 设计学生信息分类查询界面 stuInfoClassfy.vb

学生信息分类界面的设计如图 8-74 所示。

图 8-74 学生信息分类界面

该界面的设计步骤为：首先拖入 1 个 GroupBox 控件，用于显示"查询条件"部分；然后拖入 4 个 RadioButton 控件，用作"班级号""年级""专业"和"系部"单选按钮；拖入 1 个 TextBox 控件；拖入 2 个 Button 控件，分别用作"分类管理"和"关闭"按钮；最后拖入 1 个 DataGrid 控件，用于绑定数据。

进入该界面的代码文件，编写"分类管理"按钮的单击事件的代码如下。

代码 8-79："分类管理"按钮的单击事件

```
Private Sub Button1_Click(ByVal sender As System.Object, ByVal e As
System.EventArgs) Handles Button1.Click
    If RadioButton1.Checked Then
        classquery()
    ElseIf RadioButton2.Checked Then
        gradequery()
    ElseIf RadioButton3.Checked Then
        professinalquery()
    ElseIf RadioButton4.Checked Then
        departquery()
    End If
End Sub
```

这段代码调用了 classquery( )、gradequery( )、professinalquery( ) 和 departquery( ) 方法，编写 classquery( ) 方法的代码如下。

代码 8-80：classquery( ) 方法

```
Sub classquery()
    Dim str As String
    Dim ds As New DataSet
    Dim da As SqlDataAdapter
    str = "Data Source=localhost;Initial Catalog = Student;integrated
    Security=true"
    Dim con As New SqlConnection(str)
    con.Open()
    Dim sql As String = "SELECT * FROM student_Info WHERE class_No = '"
    & TextBox1.Text.ToString().Trim() & "' "
    da = New SqlDataAdapter(sql, con)
    da.Fill(ds)
    DataGrid1.DataSource = ds.Tables(0)
End Sub
```

编写 gradequery( ) 方法的代码如下。

代码 8-81：gradequery( ) 方法

```
Sub gradequery()
    Dim str As String
    Dim ds As New DataSet
    Dim da As SqlDataAdapter
    str = "Data Source=localhost;Initial Catalog = Student;integrated
    Security=true"
    Dim con As New SqlConnection(str)
    con.Open()
    Dim sql As String = "SELECT * FROM student_Info s,class_Info
    c WHERE s.class_No=c.class_No and grade = '" & TextBox1.Text.
    ToString().Trim() & "' "
    da = New SqlDataAdapter(sql, con)
    da.Fill(ds)
    DataGrid1.DataSource = ds.Tables(0)
End Sub
```

编写 professinalquery( ) 方法的代码如下。

代码 8-82：professinalquery( ) 方法

```
Sub professinalquery()
    Dim str As String
    Dim ds As New DataSet
    Dim da As SqlDataAdapter
    str = "Data Source=localhost;Initial Catalog = Student;integrated
    Security=true"
    Dim con As New SqlConnection(str)
    con.Open()
    Dim sql As String = "SELECT * FROM student_Info s,class_Info c
    WHERE s.class_No=c.class_No and director like '" & TextBox1.Text.
    ToString().Trim() & "' "
    da = New SqlDataAdapter(sql, con)
```

```
        da.Fill(ds)
        DataGrid1.DataSource = ds.Tables(0)
    End Sub
```

编写 departquery( ) 方法的代码如下。

代码 8-83：departquery( ) 方法

```
Sub departquery()
    Dim str As String
    Dim ds As New DataSet
    Dim da As SqlDataAdapter
    str = "Data Source=localhost;Initial Catalog = Student;integrated
    Security=true"
    Dim con As New SqlConnection(str)
    con.Open()
    Dim sql As String = "SELECT * FROM student_Info s,depart_Info d
    WHERE s.depart_ID=d.depart_ID and d.depart_Name like '" & TextBox1.
    Text.ToString().Trim() & "' "
    da = New SqlDataAdapter(sql, con)
    da.Fill(ds)
    DataGrid1.DataSource = ds.Tables(0)
End Sub
```

项 目 小 结

　　本项目设计制作了一个学生信息管理系统，从系统的需求分析、功能模块设计到数据库设计，以及基础类文件代码的编写，最后是各个功能模块的设计和代码编写，详细地介绍了一个完整应用程序的编写流程。

项 目 拓 展

　　在本项目的基础上增加一项功能。要求：增加一项"学生奖励 / 处分信息"管理功能，管理员用户能够输入"学生奖励 / 处分信息"，能够删除"学生奖励 / 处分信息"；普通用户只能查询"学生奖励 / 处分信息"。

参 考 文 献

[1] 刘天惠，等 . VB.NET 程序设计实训教程 [M]. 北京：清华大学出版社，2016.

[2] 林卓然 . VB.NET 程序设计教程 [M]. 北京：电子工业出版社，2018.

[3] 江红，等 . VB.NET 程序设计 [M]. 2 版 . 北京：清华大学出版社，2020.